伊恩·斯图尔特　数学游戏全集

Fireflies and the Resurrection Shuffle

萤火虫与复活洗牌法

How to Cut a Cake:
And Other Mathematical Conundrums

【英】伊恩·斯图尔特◎著
汪晓勤 邹佳晨 陈 慧◎译

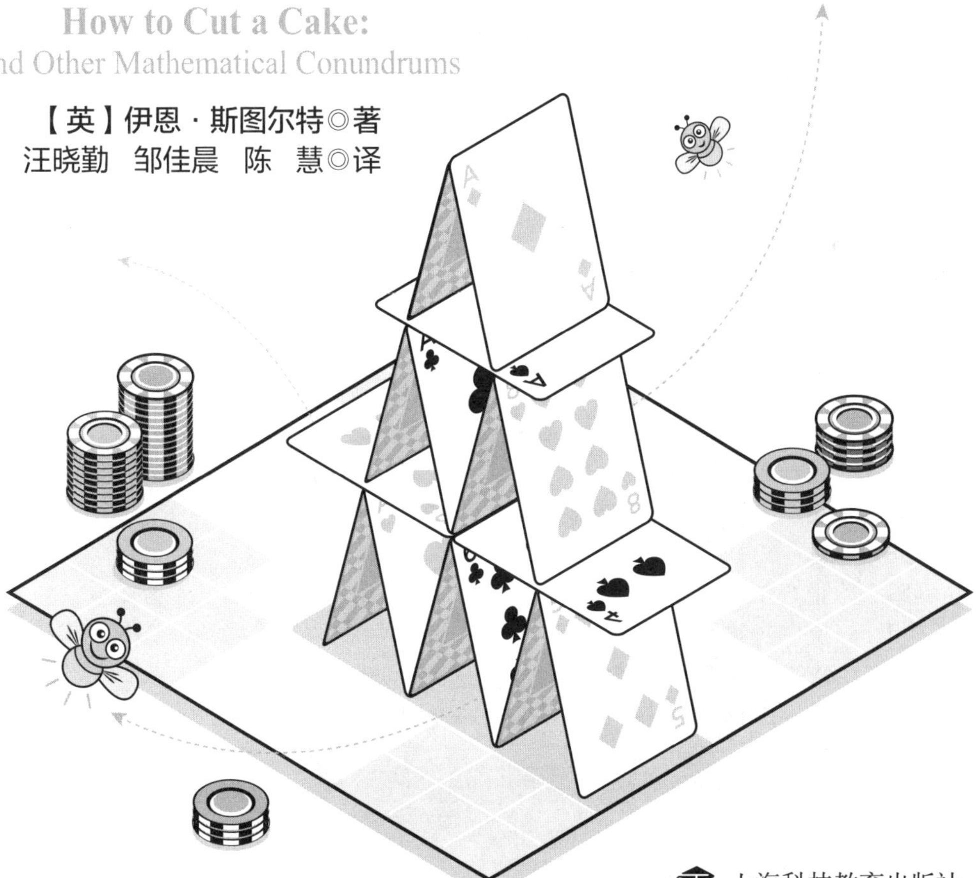

上海科技教育出版社

图书在版编目(CIP)数据

萤火虫与复活洗牌法 /(英)伊恩·斯图尔特著；汪晓勤，邹佳晨，陈慧译. -- 上海：上海科技教育出版社，2025.6. --（数学桥丛书）. -- ISBN 978-7-5428-8406-0

I. O1-49

中国国家版本馆CIP数据核字第20253C0H46号

责任编辑　赵新龙　卢　源
封面设计　戚亮轩

数学桥丛书
伊恩·斯图尔特数学游戏全集
萤火虫与复活洗牌法
[英]伊恩·斯图尔特　著
汪晓勤　邹佳晨　陈慧　译

出版发行		上海科技教育出版社有限公司
		（上海市闵行区号景路159弄A座8楼　邮政编码201101）
网	址	www.sste.com　www.ewen.co
经	销	各地新华书店
印	刷	上海中华印刷有限公司
开	本	720×1000　1/16
印	张	10
版	次	2025年6月第1版
印	次	2025年6月第1次印刷
书	号	ISBN 978-7-5428-8406-0/N·1254
图	字	09-2021　0936号
定	价	40.00元

致　谢

感谢以下公司与个人，同意本书作者使用其图片

图 2.2　沙利文（John M. Sullivan）

图 6.1，图 6.5　辛登（Richard B. Sinden）

及爱思唯尔出版公司（Elsevier）

图 6.2　科林斯（Matt Collins）

图 6.4　邵志峰（Zhifeng Shao）

前　言

有时，当我感到异常放松，并且思想开始遨游时，我就想知道：如果人人都像我这样喜欢数学，世界将会是怎样的？电视新闻将不再报道花里胡哨的政治丑闻，转而把代数拓扑学的最新定理作为头条新闻；青少年会把顶级的定理下载到他们的 mp3 中；卡里普索①的演唱者（还记得他们吗）将用吉他弹奏"引理 3"的曲调……这使我想起民歌歌手凯利 [现名凯利-布特尔(Stan Kelly-Bootle)，可以在互联网上查询此人] 写过的一首歌，那是 20 世纪 60 年代他在沃里克大学攻读数学专业理学硕士学位时写的。歌的开头是这样的：

引理 3 很漂亮，它的逆命题也很优雅，

但只有上帝和费马知道哪个真哪个假。

无论如何，我总把数学当作灵感和快乐的源泉。我知道它给多数人带来的纯粹是恐惧，而不是乐趣。对于这种观点，我不敢苟同。理性地说，我能理解人们普遍害怕数学的原因：当你希望用一两个吓人的空洞术语厚颜无耻地逃

---

① 特立尼达岛上当地人即兴演唱的歌曲。——译者注

避麻烦时,再也没有比一门要求绝对精确的学科更糟糕的事了。但感性地说,我很难理解,为什么一门对我们的世界如此重要、拥有如此悠久而富有魅力的历史、充满人类有史以来最辉煌见解的学科,竟未能引起人们的兴趣,未能让人们着迷。

另一方面,鸟类观察和研究者们也觉得很难理解,为什么这个世界上的其他人不能分享他们完成项目清单的热情。"我的天,那不是小凤头傻瓜①的繁殖羽吗?英国最近记录的一只小凤头是1843年在斯凯岛上观测到的,并且那一只还'犹抱琵琶半遮面'——噢,不,那实际上不过是一只尾巴上沾了泥的椋鸟而已。"无意冒犯,我自己也在收集岩石。"噢!真正的阿斯旺花岗岩!"我们的房子里满是行星的碎片。

很无奈的是,大多数人说到"数学"这个词,指的是常规的算术。如果你会做算术,那么它是很有趣的,尽管看上去有点傻傻的;如果你不会做,那么它就很恐怖。此外,不管是数学研究还是鸟类观察,如果有人手握红笔,高高在上,就等着你犯点小错,这样他们就能趁

---

① 指小凤头燕鸥。繁殖于北非、红海、波斯湾、印度、东南亚、菲律宾、马来西亚至澳大利亚北部,邻近海洋也有分布,是一种罕见的鸟类。——译者注

机大肆涂改,那么,你很难有什么乐趣(这里我用了比喻的说法)。毕竟,朋友之间一两个小数点算什么呢?但在对国家课程与年轻的亨利①的理解之间的差距中,数学的很多乐趣似乎已经如渡渡鸟一般消失殆尽。这很可惜。

我并不会声称《如何切蛋糕》②一书将对公众的数学能力产生巨大影响,尽管我认为它可能会。(至于是哪个方向上的影响……那是另一回事。)这里我试图去做的不过是为数学爱好者、数学的热情追随者写书,献给那些依然保持年轻心态、能从玩乐中获得巨大乐趣的人。盖莱尔(Spike Gerrell)令人愉悦的漫画加强了轻松的氛围,这些漫画完美地抓住了探讨的精神。

然而,本书的目的却是极为严肃的。

实际上,我曾想把书名定为《数学娱乐的武器》——在我心目中,这个书名更能准确地表达严肃与轻松之间的平衡。因此,我或许应当感谢营销部门的否决。但取现在这个蛋糕导向的书名也存在风险——有些读者可能会因想获取烹饪技术指导而买这本书。对此

---

① 一个精酿啤酒品牌。——译者注
② 本书中文版将原作一拆为二,即本系列的《切蛋糕与无尽的棋局》《萤火虫与复活洗牌法》。——译者注

我申明：本书内容是具有数学性质的谜题和游戏，而不是烹饪。蛋糕实际上就是波雷尔测度空间。

隆重伪装成……一块蛋糕。数学教给我们的并不是如何做蛋糕，而是在任意多个人之间如何公平地分蛋糕，并且——更难的是——不引起嫉妒。切蛋糕问题为资源分享的数学理论提供了简单的入门知识。和多数数学入门知识一样，专业人士喜欢称之为"玩具模型"，由现实世界中的事物经过大大简化而得。但它促使你去思考一些关键性的问题。例如，它揭示了如下事实：几个竞争群体公平分配资源，当各群体对资源持有不同的价值观时，让大家都觉得公平就更容易。

与我以前出版的《游戏、集合与数学》(*Game, Set and Math*)[①]《让人着迷的数学问题》(*Another Fine Math You've Got me Into*)[②]和《数学嘉年华》(*Math Hysteria*)[③]诸书一样，本书源于我在1987年至

[①] 本书中文版将原作一拆二，即本系列的《无穷大与衔尾蛇》《奇偶把戏与帕斯卡分形》。——译者注

[②] 本书中文版将原作一拆二，即本系列的《瓷砖与缠结的数学》《树神与冒险的生意》。——译者注

[③] 本书中文版将原作一拆二，即本系列的《搬桌子与大富翁游戏》《点格棋与海盗困境》。——译者注

2001年之间为《科学美国人》(Scientific American)及其外文翻译版所写的关于数学游戏的专栏文章。我对所有专栏文章均已作了适当的校订,对所有已知的错误都进行了纠正,对新发现的若干错误也已作了介绍。读者的评论放在"反馈信息"之中。我增加了若干由于杂志版面所限未能收入的材料,因此,这有点像"导演剪辑版"。从图论到概率论,从逻辑学到极小曲面,从拓扑学到准晶体,本书主题涉猎甚广。当然,还有蛋糕分配。选题主要出于娱乐价值的考量,而不是为了数学上的重要性,所以,请不要想当然地认为,本书内容完全代表了当前的前沿数学研究。

不过,本书的确反映了处于研究前沿的数学。切蛋糕这一热门问题乃悠久的数学传统——在轻松情境中提出严肃问题——的一部分,它至少可以上溯到3500年前的古巴比伦时期。所以,在本书中,当你读到"电话线为何缠结"时,该话题并不只是在整理话机与话筒之间乱成一团的连线时才有用。最好的数学都具有奇妙的普适性,一些思想源于某个简单问题,最终却可以用来解决许多别的问题。现实世界中,许多事物都会扭转:电话线、植物藤蔓、DNA分子以及海底通信电缆。研究扭转的数学的这四大应用在许多重要方面都截然不同：如果电信工程师拿走你的电话线，并代之以一段旋花属植物的话，你当然有理由感到不安。但它们在一个重要方面也有共同点：它们都可用同一个简单的数学模型来解释。它可能并不能回答每一个问题，也可能会忽略某些重要的实际问题，但是，一旦一个简单的模型开启了数学分析之门，在其基础上就能发展出更复杂、更详尽的模型。

这里，我的目标是将抽象思维与现实世界相结合，以激发出各种不同的数学思想。对我来说，报偿不仅仅在于获取现实问题的实用解法。主要的报偿是发展出新的数学理论。不可能在寥寥数页里就开发出数学的重要应用，但对于想象力足够丰富的人来说，却有可能欣赏从一种情境中产生的数学思想是如何出人意料地运用到另一个不同情境之中的。有时候，数学家们先在一个轻松的情境中（当然，并不像这里描述的那么轻松）偶遇核心思想，之后，这种思想的严肃应用才得以显露。

还有别的方式。本书的第5章受一类亚洲萤火虫异乎寻常的行为的启发。雄性萤火虫同步发光——很可能为了提高吸引异性的集体能力（而不是个体能力）。萤火虫的闪光是怎么变同步的呢？在这里,先有严肃的问题,数学用来处理这个问题,并至少提供了部分解答。之后人们才明白,同样的数学可以用来解决许多其他的同步性问题。我的方法是把整件事转化成一个可以玩的棋盘游戏。出人意料的是:该游戏中一些貌似十分简单的问题至今仍未得到解决。从某种意义上说,我们对实际应用的理解胜过对简单模型的理解。

除了极少数例外,每一章内容都是独立的。你可以从任何一章开始读,如果出于什么原因卡住了,你可以放弃这一章,转而去读另一章。我相信,你对于数学这门学科有多么博大,对于数学较之学校里教过的任何其他学科有多么深远,对于数学的应用范围有多么广阔,对于整个学科融为一体时会有多么强大,都将产生更深刻的理解。一切都是通过解谜题和玩游戏得到的。

更重要的是,拓展你的思维。

绝不能低估游戏的力量。

伊恩·斯图尔特
2006年4月于考文垂

目　录

第1章　复活洗牌法 / 1

第2章　双气泡的艰辛 / 19

第3章　砖厂的交叉线 / 33

第4章　无嫉妒的分割 / 45

第5章　同步发光的萤火虫 / 57

第6章　电话线为何缠结 / 73

第7章　无所不在的谢尔宾斯基三角形 / 85

第8章　保卫罗马帝国 / 101

第9章　三角移除 / 113

第10章　复活节是个准晶体 / 125

进阶读物 / 137

第 1 章
复活洗牌法

洗牌，洗牌，洗牌，洗牌，洗牌，洗牌，洗牌，洗牌，洗牌……哎哟，我们又回到了起点。扑克玩家的噩梦变成了现实。数论会告诉我们这个现象发生的原因。

多数牌类游戏开始时需要有人洗牌。洗牌的目的当然是为了让牌的顺序变得随机……但有些洗牌方法则恰恰会达到相反的结果。如果使用一种系统性的洗牌法,把牌洗得过分无懈可击,那么结果可能会与"随机"这一目标相去甚远。舞台魔术师会在一些魔术中运用这种效应,而玩纸牌者则想避开它。

举个例子,我们来看一种平常的洗牌法——或者两种密切相关、互为变体的洗牌法——然后看看能用它们来做什么。具体地说,我们将分析"交叉洗牌",这种洗牌法就是把牌平分为两叠,然后让两叠牌互相交叉起来。美国魔术师称之为"法罗洗牌",英国魔术师则称之为"编织洗牌"。由于纸牌被二等分,所以纸牌的张数必须是偶数。(也可考虑奇数张牌的类似洗法,其中一部分比另一部分多一张,但为了简单起见,我忽略了这种可能性。)

让我们看看交叉洗牌法的效果。整副 52 张的纸牌有点复杂,故先假定纸牌有 10 张,标有数字 0—9。开始时,所有纸牌正面朝下,且按数字大小次序从上到下排列如次:

0 1 2 3 4 5 6 7 8 9

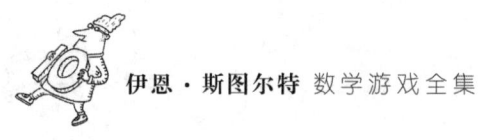

为完成交叉洗牌,将牌从4、5之间分开,并将两部分交错。若最上面一张纸牌取自上半副牌,则得

0 5 1 6 2 7 3 8 4 9

若最上面一张牌取自下半副牌,则得

5 0 6 1 7 2 8 3 9 4

第一种方法称为"外洗法",第二种方法称为"内洗法"。斯坦福大学的迪亚科尼斯(Persi Diaconis)、贝尔实验室的格雷厄姆(Ron Graham)和俄勒冈大学的坎特(Bill Kantor)于1983年在《应用数学进展》(Advances in Applied Mathematics)上撰文对内、外洗牌理论做了深入研究。他们还编写了洗牌法的一些历史资料。他们所找到的最早的交叉洗牌法记录,是出版于1726年的《近代游戏的艺术和秘诀全编》(Whole Art and Mystery of Modern Gaming)一书,作者不详。1843年,格林(J. H. Green)在《赌博艺术与悲苦揭秘》(An Exposure of the Art and Miseries of Gambling)一书中向美国人介绍了交叉洗牌,说明了在法罗游戏中如何用该方法来作弊。魔术师们从乔丹(C. T. Jordan)出版于1919年的《30个纸牌秘诀》(Thirty Card Mysteries)一书中了解了这种洗牌法。早期的交叉洗牌者、内布拉斯加州大牧场主布莱克(Fred Black)常常在马背上练习这项技术。他得出了许多关于标准52张牌重复外洗法的数学规律。1957年,住在伦敦的计算机科学家埃尔姆斯利(Alex Elmsley)发表了许多对任意张数纸牌都成立的重要定理。他的一些结果早在20世纪40年代就已为法国数学家莱维(Paul Levy)首先得到,更多的结果则于1961年被著名的五

格拼版游戏的发明者戈洛姆(Solomon Golomb)证明。

如果我们乐意减少两张牌(从概念上),就可以只分析内洗法,这样可以使我们的描述得到大大简化。具体地说,外洗法可以看作少了两张牌的内洗法——只要拿走原牌组中最上和最下一张牌即可。

欲知上述简化如何生效,可考虑前文中仅有 10 张的一副纸牌。按原顺序,除了 0 和 9 两张牌外,把其余各张牌上的数字标上黑体,得

0 1 2 3 4 5 6 7 8 9

外洗法的结果是

0 5 1 6 2 7 3 8 4 9

易见,除 0 和 9 外,标以黑体的纸牌乃是内洗的结果,0 和 9 不动。

反过来,通过增加两张牌(一张放最上面,一张放最下面),内洗法可以转化成外洗法。出于多种目的,两种方法之间的这种联系允许我们只考虑其中之一,这里我们只考虑内洗法。本章关心的问题是:如果我们连续多次采用内洗法,会产生什么结果?牌仅仅是越来越乱吗?

让我们看看 10 张牌产生的结果。以下是最初几次洗牌的结果。

洗牌 0:0 1 2 3 4 5 6 7 8 9

洗牌 1:5 0 6 1 7 2 8 3 9 4

洗牌 2:2 5 8 0 3 6 9 1 4 7

洗牌 3:6 2 9 5 1 8 4 0 7 3

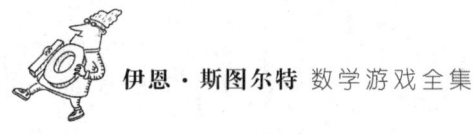

洗牌4:8 6 4 2 0 9 7 5 3 1

洗牌5:9 8 7 6 5 4 3 2 1 0

所以,尽管一开始牌的顺序看起来变得更乱,但经过5次洗牌之后,整副牌恰好颠倒了顺序!显然,再洗5次牌又会颠倒这个顺序,于是初始顺序"复活"了。我们断定:若反复运用内洗法于10张纸牌,则得10种不同顺序的循环。这仅仅是10张牌3 628 800种不同排列顺序中的极小部分。

纸牌重新回到初始顺序所需要的洗牌次数为10,这和纸牌数目恰好相同,这是个巧合。但有些回到初始顺序所需的洗牌次数却并非巧合。

若对不同数目(偶数)的纸牌施以同样的计算,你会发现,只要重复内洗法足够多次,纸牌总能回到其初始顺序。不过,究竟需要多少次并不显而易见,它取决于纸牌数目,但没有规律可循。

首先,让我们看看为什么运用内洗法足够多次,就能回到初始顺序。图1.1显示了使用内洗法洗牌时每一张牌的移动情况。例如,0被5取代,1被0取代,等等。顺着箭头方向,我们看到各张牌按下列次序相互取代:

0 →5→ 2 →6 →8→ 9→ 4 →7→ 3→ 1→

然后再从0开始重复。这10张牌形成了一个简单的"循环",每洗一次牌,纸牌就会沿着该循环往前移动一步。由于该循环包含10张牌,我们看到,在洗牌10次之后,每一张牌都回到了它的出发点。

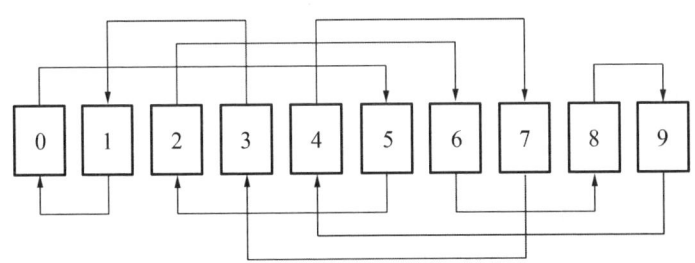

图 1.1 内洗法如何让牌的顺序循环往复

这副牌的主要特征是只有一个上述的循环。一个更一般的情形是 8 张一副的牌(图 1.2)。洗牌中会出现两个循环,一是

$$0 \to 4 \to 6 \to 7 \to 3 \to 1 \to$$

后面从 0 开始重复。二是

$$2 \to 5 \to$$

后面从 2 开始重复。第一个循环在 6 步之后开始重复,第二个循环在 2 步之后开始重复。当第一个循环在 6 步之后开始第一次重复时,第二个循环已经重复了 3 次。也就是说,在 6 步之后两个循环都开始重复。所以,对于 8 张一副的牌,在重复运用内洗法 6 次之后,整副牌回到了初始顺序。

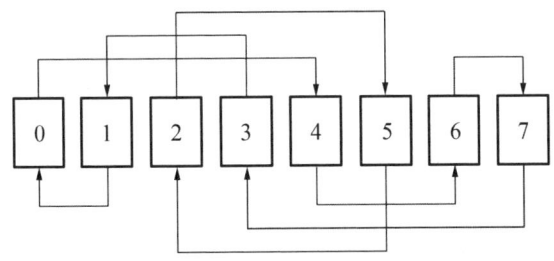

图 1.2 内洗法如何让牌的顺序循环往复

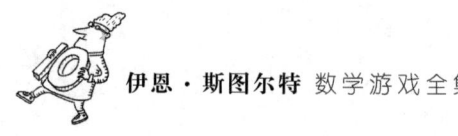

不管有多少张牌,也不管用什么固定规则来洗牌,牌的位置移动都可以分解为若干这样的循环。为什么呢?从任何一张纸牌开始,跟踪它的位置移动。由于纸牌数目是有限的,一张牌最终必会到达它原来占据的位置。从那以后,它就会重复前面的移动。然而,若一张牌的移动处于一个循环中,则它应在初始位置开始重复之前的移动。如果一张纸牌的移动不能归结到循环中,则它可能按如下方式移动:

$$0 \to 5 \to 2 \to 6 \to 8 \to 2 \to 6 \to 8 \to 2 \to 6 \to \cdots$$

其中,重复出现的循环 $2 \to 6 \to 8 \to$ 位于非重复块 $0 \to 5 \to$ 之后。

问　题

1. 请分析内洗法如何让12张牌的顺序循环往复。

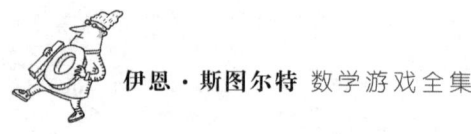

我们能否确定，当一张纸牌第一次回到一个曾到过的位置时，回到的正是它的初始位置？回答是肯定的。原因是，任何一种洗牌法都是可逆的——可以通过逆序洗牌把牌洗回原状。若第一次重复时纸牌不在初始位置，则倒回去就能找到更前面的重复。出于类似的原因，一个循环不可能"碰到"另一个循环。所以，每张纸牌存在且只存在于一个循环之中。

一旦我们知道了这些循环，计算需洗几次牌才能将一副牌恢复到初始顺序，就有了简单的方法。不同循环长度各异，一个循环中的每张纸牌在经过若干次洗牌之后，开始重复它的初始位置，洗牌次数等于该循环的长度。举例来说，假设有长度分别为 3、5 和 7 的循环。当洗牌次数能被 3 整除时，第一个循环开始重复。当洗牌次数能被 5 整除时，第二个循环开始重复。同样地，当洗牌次数能被 7 整除时，第三个循环开始重复。因此，为了让三个循环都重复，洗牌次数必须能同时被 3、5 和 7 整除。满足条件的最小数等于 3×5×7 = 105，即所有循环长度之积。

不论有多少个循环，上述规则都是成立的——也就是说，不论我们有多少张牌，只要数目是有限的，这个规则就成立。有时，重复出现得早一些。如 8 张一副的牌，两个循环的长度分别是 2 和 6，经过 6 次洗牌之后，牌的顺序开始重复。经过 2×6 = 12 次洗牌之后，牌的顺序当然也开始重复，但那不是发生重复的最小次数。一般地说，顺序重现所需的最小洗牌次数可以通过求诸循环长度的最小公倍数得到，即能被它们中每一个整除的最小数。经过这么多次洗牌之后，各张牌都回到了各自的初始位置。

例如,假设有长度为10和14的循环,则循环长度为10的那些纸牌在经过10、20、30、40、50、60、70……次的洗牌之后回到各自的初始位置。循环长度为14的那些纸牌在经过14、28、42、56、70……次的洗牌之后回到各自的初始位置。两个次数的集合共有的第一个数,即10和14的最小公倍数为70。在第70次洗牌之后,所有各张牌都回到它们各自的初始位置。

无论纸牌数目有多少,按照内洗法洗牌总会出现重复。但一次重复所需的洗牌次数却并没有明显的规律——10张一副的牌需要洗10次才出现重复,洗牌次数与牌的数目恰好相等,这一事实并不具有普遍性。事实上,数目为4、6、8、10、12、14、16、18、20、22和24的各副牌,分别需要洗4、3、6、10、12、4、8、18、6、11和20次才回到各自的初始顺序。

虽然没有明显的规律,但还是有一定规律的,只是你必须是一个数论专家才能发现它!规律是这样的。以8张牌为例,给这副牌添1张变成9张。构造2的连续次幂,除以9,求出余数:

幂次	1	2	3	4	5	6
幂值	2	4	8	16	32	64
余数	2	4	8	7	5	1

6次幂的余数为1,故8张牌"复活"需要洗6次。类似地,在10张牌的情形,添1张得到11,用2的各次幂除以11。

幂次	1	2	3	4	5	6	7	8	9	10
幂值	2	4	8	16	32	64	128	256	512	1024
余数	2	4	8	5	10	9	7	3	6	1

10次幂的余数为1,故10张牌"复活"需要洗10次。对于一副52张的标准纸牌,则需要洗52次。

这个规则普遍成立。实际上,你并不需要算得很辛苦:你只需从2开始,加倍,除以比牌数大1的数,求出余数,依次算下去,直到出现1。数论上有一个一般结果,称为费马小定理①——它由杰出的法国数论学家费马(Pierre de Fermat)发现。费马更因费马大定理而著称,该定理最近被普林斯顿大学的怀尔斯(Andrew Wiles)证明,轰动一时。由费马小定理可知,上述过程经过若干步之后必能得到1,所需步数最多等于纸牌数目。②

因外洗法与少两张牌的内洗法一样,故类似的规则也适用于外洗法,但此时你需要将纸牌数减去1,用所得数去除2的诸次幂,以求得余数。

---

① 费马小定理是初等数论中一个十分重要的定理,与整数的模运算有关。若 a 除以 n 的余数为 k,则记为 $a \equiv k \pmod{n}$。费马小定理说的是,对于任意的正整数 a 和素数 p,一定有 $a^{p-1} \equiv 1 \pmod{p}$。费马小定理由费马提出,由欧拉证明。——译者注

② 欧拉将费马小定理进一步推广,得到了欧拉定理:对于互素的正整数 a 和 n,一定有 $a^{\phi(n)} \equiv 1 \pmod{n}$,$\phi(n)$ 是欧拉函数,其定义为小于等于 n 的正整数中与 n 互素的数的个数,当 n 为素数时,$\phi(n)=n-1$,此时就得到了费马小定理。严格地说,作者在这里的说法并不十分准确:费马小定理只能告诉我们除数(纸牌数+1)是素数时所需的步数最多等于纸牌数目,当除数不是素数时,还需用上欧拉定理。所以,准确的说法应该是:"由欧拉定理可知……最多等于纸牌数目。"——译者注

萤火虫与复活洗牌法

问 题

2. 对于一副 52 张的标准纸牌，外洗法"复活"需要洗多少次？

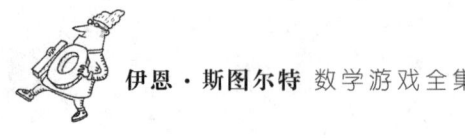

在《幻星与超立方体》(*Mathematical Carnival*)①一书中,加德纳(Martin Gardner)提出一个更实用的检验这种结果的方法,即**向后法**。即使是对一位专业魔术师来说,要准确地完成一次交叉洗牌也是很不容易的,更不必说重复进行了。但**向后法**却很简单:发牌给两个人,然后把他们的手叠放在一起。内洗法的逆向操作称为**内分类**,外洗法的逆向操作称为**外分类**。无论是洗是分,复原纸牌初始顺序所需步数是相同的。

许多纸牌窍门都利用了交叉洗牌法的规律。加德纳在《科学美国人》1998年8月号的专栏文章中提到了一种交叉洗牌技巧,即使你洗得很差,这种技巧也十分奏效!考虑含奇数张牌的一副牌——虽然开始时有20张。把这副牌交给对家,你转过身去,让他洗牌(随便用什么方法),然后将百搭牌(joker)插入,记住夹住它的两张牌。转过身来,取回那副牌——现共有21张,将正面朝下。进行一次内分类或外分类,然后让对家切牌。再重复一次内分类或外分类。把牌打开成扇形,将牌面朝向对家让他看,而你看不到。让他取出百搭牌。从百搭牌处把牌分成两部分,把每部分合拢,再把两部分交换位置后叠放在一起。施以两次外分类和一次内分类,把牌面朝下放在桌子上。让对家说出他所记住的那两张牌。翻开最上面的那张牌,就是其中的一张;翻开整副牌,最底下的就是另外一张。

迪亚科尼斯、格雷厄姆和坎特在研究过程中解决过的最难问题

---

① 马丁·加德纳著,楼一鸣译,上海科技教育出版社,2020年。——译者注

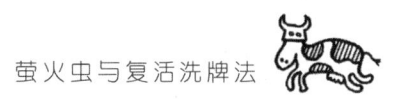

如下:按任意次序使用内洗法和外洗法,$2n$张一副的牌将变成什么样的新排列?结果以十分奇特的方式取决于n的大小。若n为2的幂,则新排列的个数相当小(若$n=2^k$,则新排列数为$2^k k$)。否则,新排列的个数就相当大,但仍不会超过$(2n)!$种可能性。具体的数字取决于n具有$4m$、$4m+1$、$4m+2$或$4m+3$中的哪一种形式,其中m为整数。此外,$n=6$和$n=12$两种情形是例外,并不符合一般的模式。很遗憾,数学常常就是这样——即使存在一种规律,它也可能会分成几个部分,还可能会有一些例外,通常在讨论的早期出现。欲知个中细节,且去读他们那篇漂亮的论文。

答　案

1. 12张纸牌上分别按次序标有数字0—11，则洗牌结果为

洗牌0：0 1 2 3 4 5 6 7 8 9 10 11
洗牌1：6 0 7 1 8 2 9 3 10 4 11 5
洗牌2：9 6 3 0 10 7 4 1 11 8 5 2
洗牌3：4 9 1 6 11 3 8 0 5 10 2 7
洗牌4：8 4 0 9 5 1 10 6 2 11 7 3
洗牌5：10 8 6 4 2 0 11 9 7 5 3 1
洗牌6：11 10 9 8 7 6 5 4 3 2 1 0
洗牌7：5 11 4 10 3 9 2 8 1 7 0 6
洗牌8：2 5 8 11 1 4 7 10 0 3 6 9
洗牌9：7 2 10 5 0 8 3 11 6 1 9 4
洗牌10：3 7 11 2 6 10 1 5 9 0 4 8
洗牌11：1 3 5 7 9 11 0 2 4 6 8 10
洗牌12：0 1 2 3 4 5 6 7 8 9 10 11

所以，12张牌"复活"需要洗12次且只包含一个长度为12的循环。

2. 将纸牌数 52 减去 1,得到 51,用 51 除 2 的各次幂,求出余数:

幂次	1	2	3	4	5	6	7	8
幂值	2	4	8	16	32	64	128	256
余数	2	4	8	16	32	13	26	1

所以外洗法"复活"需要洗 8 次牌。

第 2 章
双气泡的艰辛

世界上每一个物理学家都知道两个气泡结合后所形成的形状,每一个吹过肥皂泡的小孩也都知道。世界上每一位数学家都知道两个气泡结合后应该具有什么形状,但如今只有少数很聪明的数学家已经证明以上每个人都是对的。

正十二面体是人们熟悉的数学图形,有 20 个顶点、30 条棱和 12 个面——每个面都有 5 条边(图 2.1)。但什么立体会有 22.83 个顶点,34.25 条棱,13.42 个面——每个面有 5.103 条边呢?会不会是某种复杂的分形?毕竟,分形——被芒德布罗(Benoit Mandelbrot)转化为有关自然界不规则性的综合理论的复杂图形——可以有非整数维度,那么为什么它不可以有非整数个顶点呢?非也。这个立体是一个普通的、常见的图形,你在自己家中就找得到。当你喝一杯可乐或者啤酒、洗澡或洗碗时,不妨留意一下。

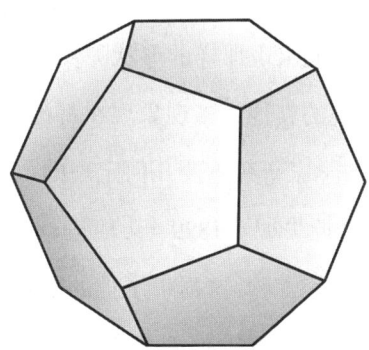

图 2.1　正十二面体

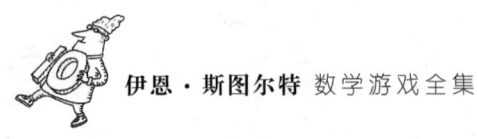

当然,我骗了你。我说的这个奇异的立体可以在普通的家庭里找到,其实和可以在普通的家庭里找到2.3个孩子是一个道理。它并不是作为单个事物而存在,而是一个平均数。这不是一个立体,而是一个气泡——大量泡沫中的"平均"气泡。泡沫中含有成千上万个气泡,就像挤在一起的微小的、不规则的多面体一样——这些泡沫多面体的平均顶点数为22.9,平均棱数为34.14,平均面数为13.39。倘若顶点、棱、面的数目都等于平均值的气泡真的存在,那么它会长得像一个十二面体,只不过顶点、棱、面数稍稍大一点而已。

自从发明肥皂以来,人类就一直对气泡着迷;而泡沫则古已有之。但关于气泡和泡沫的数学直到19世纪30年代才开始出现。当时,比利时物理学家普拉托(Joseph Plateau)把线框浸入肥皂水中,结果使他大吃一惊。经过了170年的研究,我们迄今仍不能对普拉托所观察到的许多现象给出完整的数学解释——甚至仅仅是描述。直到最近才出现了一个著名的例子,这就是双气泡猜想,它描述了两个气泡结合后所形成的形状。每个人都"知道"它应当像图2.2(a)——但图2.2(b)呢?为何不能出现那样的形状呢?

然而,普拉托发现的其他许多现象现在都已经被很好地理解,肥皂膜实验不断帮助数学家研究重要几何定理的严格证明。普拉托开始研究气泡时已经接近失明。1829年,他进行了一个光学实验,实验中他需要盯着太阳看25秒,这损害了他的眼睛。到1843年,他完全失明。但是,失明并未妨碍他对数学上最强烈需要视觉的领域——立体几何作出重要贡献。事实上,在普拉托完全失明后的很

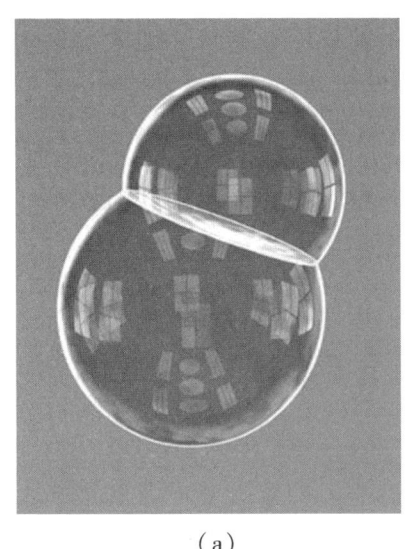 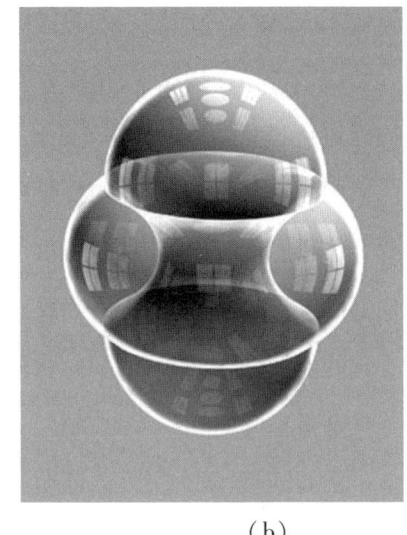

(a) (b)

图 2.2
(a) 双气泡猜想说的是,当两个气泡结合在一起时,会形成在球面边界交成 120°的两个球面;(b) 包括这种"管中花生"形状在内的其他可能性必须被排除

长一段时间里,他仍继续在该领域做研究。

肥皂泡和肥皂膜是"极小曲面"这一极其重要的数学思想的实例。这是一种满足某些附加条件的面积尽可能小的曲面。

由于表面张力这一物理作用,极小曲面出现在研究气泡的数学之中。液体的表面表现得好像有弹性,就像橡胶的表面薄层一样。如果你试图拉伸表面,就会遇到阻力。该阻力是由液体表面分子结构引起,因为少了某些化学键,这种结构与液体内部的结构不同。表面张力的作用是在液体表面储存了能量。

考虑缺少的化学键的数学特别复杂,但幸运的是,有一种简单的

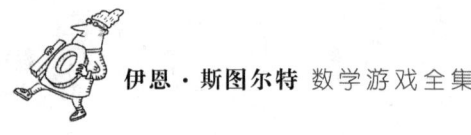

近似方法,如果我们感兴趣的仅仅是曲面的总体形状,而不需具体到分子,那么该近似方法的精度极高。结果表明,肥皂膜表面张力产生的能量与肥皂膜的表面积成正比。

肥皂泡是一个极小曲面,即具有最小面积的曲面,它"实际上"是一个极小能量曲面。因为对表面张力来说,能量等同于面积(其实它们是成正比的,按某个比例常数,它们是相等的),最小化的面积与最小化的能量是一回事。碰巧,自然界喜欢将能量最小化——因而气泡具有最小面积。

例如,用数学方法可以证明,给定体积的立体中,表面积最小的是球——这就是肥皂泡呈球形的原因。肥皂泡包围了体积固定的空气,而肥皂膜又是如此之薄——约百万分之一米——十分近似于无限薄的数学曲面。(移动中的气泡另当别论,因为动力能使它们形成各种稀奇古怪的形状。)极小曲面有许多用途,包括生物学、化学、晶体学,甚至建筑学。

如果没有某个约束条件,极小曲面的面积可以为0——面积所能达到的最小程度。最常见的约束条件是曲面所围体积为定值、边界位于某个给定曲面上、边界为某种曲线,或上述各条件的某种组合。例如,桌面上形成的气泡通常是一个半球面,这是一个所围体积为定值、一块边界在平面(桌面)上的最小面积曲面。

普拉托特别感兴趣的是边界为给定曲线的曲面。在他的实验里,曲线用一根具有一定长度、弯曲成某种形状的金属丝,或几根连成线框的金属丝来表示。例如,边界包括两个全等的"平行"圆的极小曲面具有什么形状？你可能会首先考虑圆柱面。然而，我们能找到更小的曲面。欧拉（Leonhard Euler）证明，具有这种边界的真正的极小曲面是悬链面（catenoid，见图2.3），它是由一条称作悬链线的U形曲线绕经过两圆圆心的直线旋转而成的。悬链线是由一条质量均匀分布的链条在重力作用下悬垂得到的形状：它看上去像抛物线，但形状更丰满一些。（一个古老的数学玩笑说，"怎样获得悬链面？""拉它的尾巴。"笑点在于怎么念"catenoid"一词。①）欧拉定理可通过制作两个带柄圆形线圈（像渔网架一样）来演示。把它们握在一起，浸入一碗肥皂液或清洁剂里，然后轻轻把它们分开，即能看到闪闪发光的美丽的悬链面。

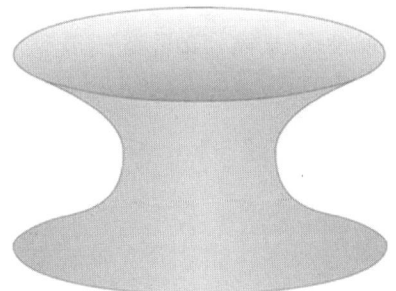

图2.3 悬链面——介于两个平行圆之间的极小曲面

对于研究肥皂膜的数学，最著名的描述之一见于库朗（Richard Courant）和罗宾斯（Herbert Robbins）的名著《什么是数学》（*What Is Mathematics?*）。他们介绍了普拉托的一些原始实验，实验中，普拉托把一些形如正多面体的线框浸入液体中。最简单的情形是正四面体（含4个三角形面和6条长度相等的棱）线框，他们对此并没有作讨论。

---

① catenoid的发音近似于短语cat annoyed（猫生气了）。——译者注

这里，极小生成曲面含有 6 个三角形，均交于四面体的中心[图 2.4(a)]。一个正方体线框生成了由 13 个近乎平面的曲面组合而成的复杂曲面[图 2.4(b)]。数学家已经完全掌握了四面体的情形，但仍很难对正方体的情形作出全面的分析。

四面体线框实验说明了肥皂膜的两个重要的一般性特征，它们是由普拉托通过经验观察得出的。沿线框顶点和中心的连线，肥皂膜三个三个地相交，面与面成 120°角。4 条边在中心点处的夹角为 109°28′。上述两个角对于任何多个肥皂膜结合问题都是十分重要的。面面夹角 120°和边边夹角 109°28′不仅仅出现在正四面体中，也出现在肥皂膜的任何排列之中——倘若没有空气的话，或者，倘若有空气但每个膜的两侧等压，从而互相抵消。

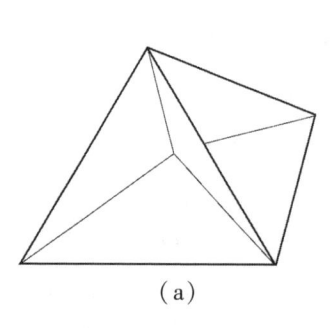　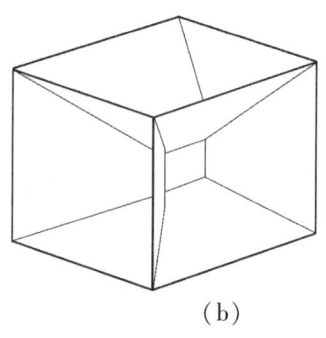

(a)　　　　　　　　　　(b)

图 2.4

(a) 四面体框架中的肥皂膜形成 6 个平面；(b) 立方体框架中的肥皂膜形成 13 个近乎平面的曲面

泡沫的膜层稍微有点弯曲，但可以用平面来近似：有了该近似，就可以在泡沫内部观察到上述两个角，但在泡沫外表面附近就观察不到了。以这个事实为基础，经过一系列奇妙的计算，就能得出本章开篇那组奇怪的顶点、棱、面的数目。

问　题

假设一个泡沫由许多相同的多面体构成,这些多面体的侧面是内角为 109°28′ 的正多边形(这是不可能的,但谁在乎呢?),请估计出任何泡沫中的平均顶点数、棱数和面数。

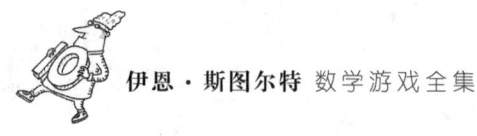

普拉托关于120°角的观测很快就被确立为一个数学事实。其证明常常被归功于大几何学家施泰纳(Jakob Steiner),完成于1837年。但早在1640年左右,托里拆利(Evangelista Torricelli)和卡瓦列里(Francesco Cavalieri)已捷足先登。这些数学家实际上都研究了类似的关于三角形的问题:给定一个三角形及其内部一点,过该点向三角形顶点引3条线段,求出其长度之和。哪个点使总距离最小呢?答案是:使3条线段两两交成120°的点。(假定三角形的3个内角都不超过120°,否则所求点就是超过120°的内角对应的顶点。)若用合适的平面去截肥皂膜,则肥皂膜问题可以转化成上述的三角形问题。

1976年,阿尔姆格伦(Frederick Almgren)和琼·泰勒(Jean Taylor)证明了普拉托关于109°28′角的第二条规则。他们的创造性证明包含一系列步骤。一开始,他们考虑6个面沿4条公共边相交的任意一个顶点。首先,他们说明,出现在多数肥皂膜里的微小曲率都可以忽略不计,因此,可将膜看作平的。然后,他们考虑这些平面与以上述顶点为球心的球面相交所得的一组圆弧。因为肥皂膜为极小曲面,所以这些弧是"极小曲线"——它们的总长度尽可能地小。根据托里拆利-卡瓦列里定理在球面上的类比,这些圆弧总是三条三条地相交,且两两之间夹角为120°。阿尔姆格伦和泰勒证明,只有10种不同的圆弧能满足这一标准——它们都相当复杂,所以我就不画出来了。对每种情形,他们问:能否通过对曲面稍加变形(或许甚至是引入新的膜)来减少球内部薄膜的总面积?任何能够减少总面积的情形都应排除,因为它们并不能与真实的极小曲面相对应。经过这一处理后,只有 3 种情形保留了下来:单张膜;沿一条边相交、两两之间夹角为 120°的 3 张膜;或两两之间夹角为 109°28′的 6 张膜——与普拉托的观察正好吻合。证明所需的具体技术超出了几何范围,进入分析领域——微积分及更深奥的后续知识。阿尔姆格伦和泰勒使用了被称为"测度"的抽象概念,以确保他们的证明适用于远比光滑曲面复杂的气泡形状。

由 120°法则可得两个结合在一起的气泡所具有的漂亮性质。长期以来,人们一直假设,当两个气泡粘在一起时,它们形成 3 个球面,如图 2.5 所示。如果是这样,那么球面半径必满足一个漂亮的关系式。设两个气泡的半径分别为 r 和 s,它们相交所沿的球面半径为 t,则关系式为 $\frac{1}{r}=\frac{1}{s}+\frac{1}{t}$。该关系式在伊森伯格(Cyril Isenberg)的《肥皂膜与肥皂泡的科学》(*The Science of Soap Films and Sopa Bubbles*)一书中有证明,所运用的不过是初等几何知识和 120°性质而已。

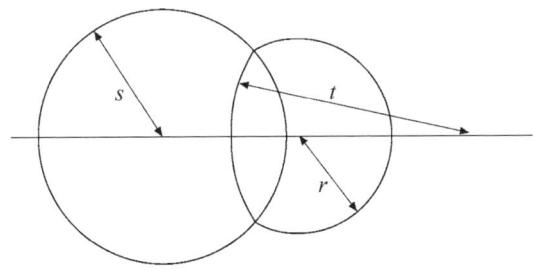

图 2.5　猜想中的双气泡几何形状的横截面

沿水平直线旋转圆弧即得曲面,半径 r,s,t 满足关系式 $\frac{1}{r}=\frac{1}{s}+\frac{1}{t}$

剩下的就是证明这些曲面都是球面的一部分,这看似结论显然可得的一步恰恰是真正的困难所在。1995 年,加州大学戴维斯分校的哈斯(Joel Hass)和圣克鲁茨真实软件公司的施拉夫利(Roger Schlafly)获得了一个证明——但增加了所有气泡体积相等的假设。他们的证明需要计算机的帮助,它需要计算出 200 260 个与竞争可能性相关的积分——对于每个任务,机器仅仅需要耗时 20 分钟!

此后数学家又用了 5 年时间才找到完整的解答。2000 年,当时在斯坦福大学的哈钦斯(Michael Huchings,现在在加州大学伯克利分校)、威廉姆斯学院的摩根(Frank Morgan)、格兰纳达的里托雷(Manuel Ritoré)和罗斯(Antonio Ros)证明了体积不相同情形下的双气泡猜想。

气泡继续向数学家提出具有挑战性的问题。现在我们比普拉托在他首次把线框浸入肥皂水时知道得更多,但我们也应记住,正是他的那些实验创造了一个漂亮的数学领域:极小曲面的几何。

答　案

　　假设泡沫中的气泡为正多面体，它的侧面都是内角为 $A = 109°28'$ 的正 n 边形。因为这样的物体并不存在，我们不妨称之为"伪多面体"（follyhedron），并假定它真的存在。设伪多面体有 V 个顶点，F 个面，E 条棱。

　　众所周知，若正 n 边形的内角为 A（以角度制度量），则必有 $n = \dfrac{360°}{180°-A}$。（例如，若内角等于 $90°$，则 $n = \dfrac{360°}{90°} = 4$，为正方形，符合预期。）这是因为，有 n 个大小为 $180°-A$ 的外角，而这些外角加起来等于 $360°$。若 $A = 109°28'$，则由该等式可知，伪多面体的每一面边数为 $n = 5.104$。

　　下面的计算开始变得稍稍复杂一些。在伪多面体上的每个顶点处，有 3 个面相交——因为 A 大于 $90°$ 而小于 $120°$。每个顶点处，角的总和为 $3A$。计算所有的顶点，得所有角的总和等于 $3VA$。

然而,同样的和也可以通过计算所有面的内角得到,每个面的内角之和为 nA,因此,$3VA = nFA$,即 $3V = nF = 5.104F$,由此得

(1) $V = 1.701F$

现在考虑 E 条棱。每个面有 n 条边,共有 nF 条边,但每条边都是两个面的公共边,因此

(2) $E = \dfrac{nF}{2} = 2.552F$

最后,回忆著名的欧拉公式

(3) $F + V - E = 2$

该公式对任何多面体都成立。把(1)和(2)中的 V 和 E 代入(3)中,得 $F + 1.701F - 2.552F = 2$,化简得 $0.149F = 2$,故得 $F = \dfrac{2}{0.149} = 13.42$。因此,$V = 22.83$,$E = 34.25$。

第 3 章
砖厂的交叉线

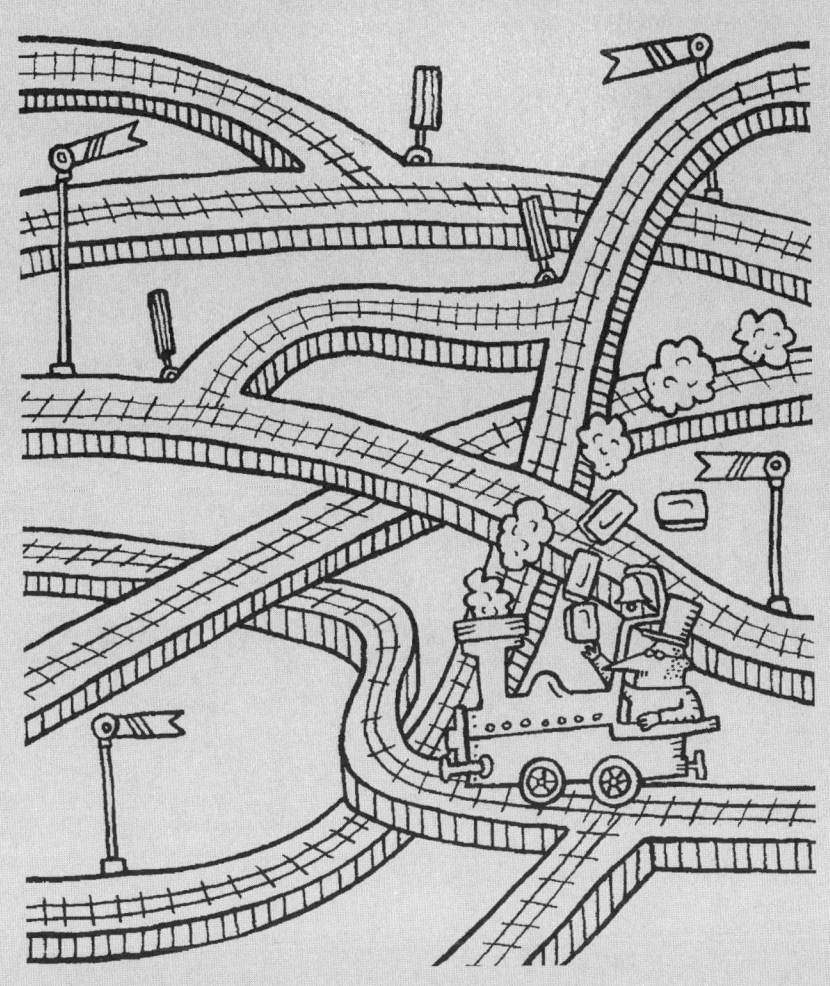

第二次世界大战结束前夕，一位匈牙利数学家在一家砖厂工作，他注意到运送砖块的小火车总是会在线路的交叉处脱轨。一名工程师遇到这种问题，他也许会重新设计线路。猜一猜，这位数学家会怎么做。

数学的魅力之一就是那些具有简单成分(这些成分表述起来很容易且与许多证据相合)的问题却能困惑世界上最聪明的头脑达数世纪之久。这样的例子有费马大定理、开普勒猜想以及四色猜想——所有这些问题都是在过去几十年中解决的,下面我将花一点时间作简单介绍。趣味数学的乐趣之一就是有可能找到某个著名的未解决问题的解,不管这种事有多么不可能。四色猜想吸引了许多趣味数学家的注意,在某种程度上,它得到证明一事还真有点可惜,因为带来无穷无尽乐趣的源泉干涸了。所有数学上的新进展似乎并未给业余爱好者留下什么有趣的挑战,但事实并非如此,我们将会看到这一点。

首先略说说上面的那三大问题吧。

1650年左右,费马在一本书的页边这样写道:"反之,不可能把一个数的立方分解成两个数的立方和,把一个数的四次方分解为两个四次方的和,或者更一般地说,把大于2的任意次幂的数分解成两个同次幂的和:我已经发现了[这个一般定理的]一个真正奇妙的证明,但是这个空白太窄了,写不下。"尽管有无数人试图给出证明,但一直未能如愿。直到1996年,来自普林斯顿大学的怀尔斯最终攻克

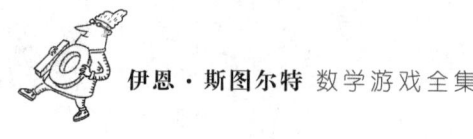

了这一难题。该故事是一个获奖电视节目的主题。

早在1611年,开普勒(Johannes Kepler)在令人愉悦的《六角雪花》(On the Six-Cornered Snowflake)一书(他献给资助人的新年礼物)中写道,他确信在三维空间中堆放球体的最有效的方法是水果商用于堆放橘子的排列法——层层堆放如蜂房状,每一层位于其下一层的凹处。黑尔斯(Thomas Hales)于1998年宣布他找到了一个由计算机辅助得到的证明,此后,证明被发表出来。

约有百年历史的四色猜想说的是,平面上任一幅地图可以只用四种颜色来着色,使得相邻区域不同色。它于1976年被阿佩尔(Kenneth Appel)和哈肯(Wolfgang Haken)证明,也是借助了计算机。

四色定理(它现在不是猜想而是定理了)属于数学上的图论领域。回想一下,一个图是一组"结点",结点用点来表示,用"边"连接,边用线段来表示。一幅平面地图与"相邻区域"概念可以转换成一个图。每个区域有一个结点,相邻区域所对应的结点用边连接。所以四色问题又可表述为一个合适的图的结点着色问题。

图论是许多说起来简单、回答起来却很棘手的问题的源泉,很多这样的问题现在仍悬而未决。有一个包含许多此类难题的领域,它主要关注的是图的交叉数问题。在平面上作一图(如果你乐意,可画在一张纸上),使得边的交叉数目尽可能地少。(除了两个端点之外,边不能经过结点,而每两条边的交点应彼此独立,不能重合)。此种交点的最小数目当然就是前面提到的交叉数。哈姆莱大学的迈尔斯(Nadine Meyers)1998年在《数学杂志》(Mathematics Magazine)上讨论过这个问题。她引述了埃尔德什（Paul Erdös）和盖伊（Richard K. Guy）1970年所作的评论："几乎所有交叉数问题都没有得到解决。"此评论直到今天依然正确。事实上，我们对交叉数的了解简直少得令人震惊。

尽管关于交叉数，似乎很难证明多少东西，但趣味数学家们仍可通过画出图像进行实验以减少交叉数，来获得很多乐趣。可以想象，这种实验甚至可能将交叉数减少到小于猜想的数，从而证伪某些重要猜想。

交叉数为零的图，其特征已得到充分的描述。该结果是1930年得到的，称为"库拉托夫斯基定理"，得名于最先给出证明的库拉托夫斯基（Kazimierz Kuratowski）。这种图是可平面图——可以在平面上作出，而不含任何交叉。图3.1(a)实际上是个可平面图。虽然画出了4个交叉，但可以将边和结点进行移动，以去掉所有的交叉，如图3.1(b)所示。实际上，该图只是含6个结点的一个"圈"（6个结点连成环形）。可以定义含 n 个结点的类似的图，用符号 C_n 表示。于是，该图为 C_6。

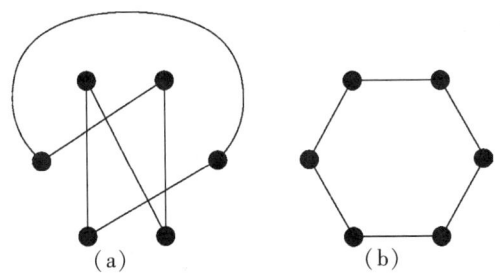

图3.1
(a) 一个被画出4个交叉的图；(b) 由同一个图重作的无交叉图

库拉托夫斯基定理说,若一个图既不含图3.2(a)中的图,也不含图3.2(b)中的图(稍带有技术上的意义),则该图为可平面图。(注意,沿这些图的边可能会出现分割这些边的结点。)图3.2(a)(忽略上述的多余结点)称为"五结点完全图":每个结点和其他各个结点都相连。类似地,也有含任意多个结点的完全图,若有 n 个结点,则记该图为 K_n。图3.2(a)给出了 K_5,图3.2(b)(仍忽略多余结点)为"两个3结点组的完全二部图":结点分为两个集合,每个集合有3个结点,一个集合中的每个结点都和另一个集合中的所有结点相连。

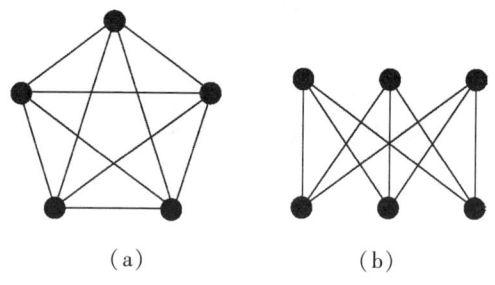

(a)　　　　　(b)

图3.2　两个基本的非平面图

对于其他结点数的情形(两个集合的结点数不必相等),可定义类似的图。若一个集合有 m 个结点,另一个集合有 n 个结点,则该图记作 $K_{m,n}$。图3.2(b)即 $K_{3,3}$。

K_5 和 $K_{3,3}$ 的交叉数均为1。对各边进行重绘,使其尽可能彼此避开,仅得一个交叉,则可以看出它们不是平面图。图3.3展示了重新绘制的 K_5。

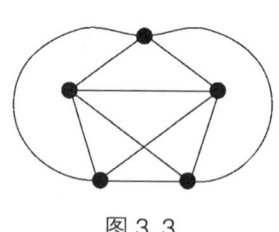

图3.3

问　题

重新绘制 $K_{3,3}$，使得图中仅有一个交叉。

交叉数这一概念似乎出现于第二次世界大战期间的 1944 年。当时,匈牙利数学家图兰(Paul Turán)正在布达佩斯郊外一家砖厂干活。该厂有许多烧砖的窑,还有许多堆放场,每个窑和每个堆放场之间有铁轨连接。工人们把砖块装上小运输车,沿铁轨将其推到堆放场,然后把砖从运输车上卸下来。这是一个相对容易的任务,唯一的困难在于一组铁轨与另一组铁轨交叉之处。当时的运输车经常会在这种地方脱轨,砖块翻落一地。

一名工程师或许会考虑重新设计这些交叉道口,但作为数学家的图兰却想知道如何通过重新设计铁轨来尽可能减少交叉数。数日后,他认识到该厂的铁轨有很多不必要的交叉,但最一般的问题引起了他的兴趣。设有 m 个窑和 n 个堆放场,假定每个窑都有通往所有堆放场的铁轨,则问题就是:求完全二部图 $K_{m,n}$ 的交叉数。

对于交叉数很小(0、1、2)的图,人们已知道得相当多;但对于交叉数较大的图,人们知之甚少。事实上,此类图中仅有的几种交叉数已知的情形是:$K_n(n \leqslant 10)$,$K_{m,n}(3 \leqslant m \leqslant 6)$ 以及稍后再定义的图 $C_m \times C_n(3 \leqslant m \leqslant 6,$ 或 $m=n=7)$。

图 $C_m \times C_n$ 是从"环面直角坐标网格"中产生的。图 3.4 给出一例——$C_7 \times C_8$。我把该图画成两族圆:"同心"圆构成 7 个同样的 C_8[①],"辐射"圆(画成椭圆)构成 8 个相同的 C_7。这些圆可作于环面上,此时它们只交于黑点;但该图在投影到平面上时,出现了另外的

---

① C_n 是所谓的循环图,图的边关于结点形成一个闭环,循环图 C_n 有 n 个结点和 n 条边,每个结点都是两条边的端点。——译者注

交叉。事实上,8个垂直于纸面的圆中的每一个都含有5个这样的交叉,共有40个。

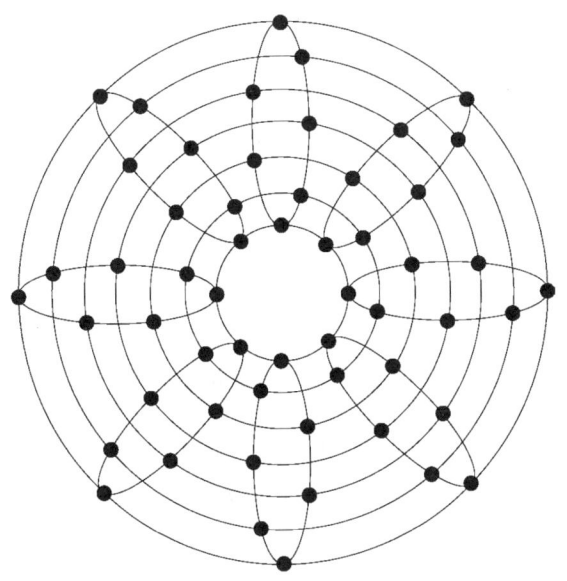

图3.4 环面网格图示例

同样可作出 m 个水平圆和 n 个竖直圆的情形(约定 $m \leq n$)。每一个竖直圆与两个水平圆——"内侧"和"外侧"的圆只交一次,且交于一个结点;与其他所有圆相交两次,其中一次是环面上真实存在的交叉(从而为结点),而另一次则是试图在平面上作图的结果。因此,每一个竖直圆提供 $m-2$ 个交叉。因而总共有 $(m-2)n$ 个交叉。

人们普遍认为这是最小交叉数,也即,环面网格图 $C_m \times C_n$ 的交叉数为 $(m-2)n$。然而,这个"(m,n) 猜想"从未得到证明。对于前文所举的情形,已知猜想正确;最新的结果是对 $C_7 \times C_7$(细节及参考文献请参阅迈尔斯的文章)也正确。最小的未被解决的情形是 $C_7 \times C_8$,猜想的交叉数为40。

你能用39个或更少的交叉在平面上重画图3.4吗？请不要弄虚作假，也不要投机取巧。这是数学，不是猜谜。若你真能做到，(m,n)猜想将是谬误。试试吧。

全世界数学家的脑力加起来也不能确定图3.4是否能用更少的交叉重画出来，这可真令人震惊。但它提供了一个生动的例子，说明了问起来简单的问题与答起来简单的问题之间的差别。

即使存在作出改进的可能，能作出的改进也将是微不足道的。1997年，卡尔顿大学的萨拉查（G. Salazar）证明，若$C_m \times C_n$的交叉数小于$(m-2)n$，则这个数不可能小很多。在一种技术条件（任何两族圆的交叉次数不能超过某个给定的上界）之下，当n任意增大时，交叉数与$(m-2)n$的商趋于1。尽管如此，对于任何具体的m和n，该结果仍为减小猜想值$(m-2)n$留下了空间。如果猜想是错误的，就有助于解释为什么它看上去如此难证。另一方面，它可能和费马大定理、开普勒猜想以及四色猜想一样：正确但难以证明！

答　案

重新绘制的 $K_{3,3}$ 如图 3.5 所示。

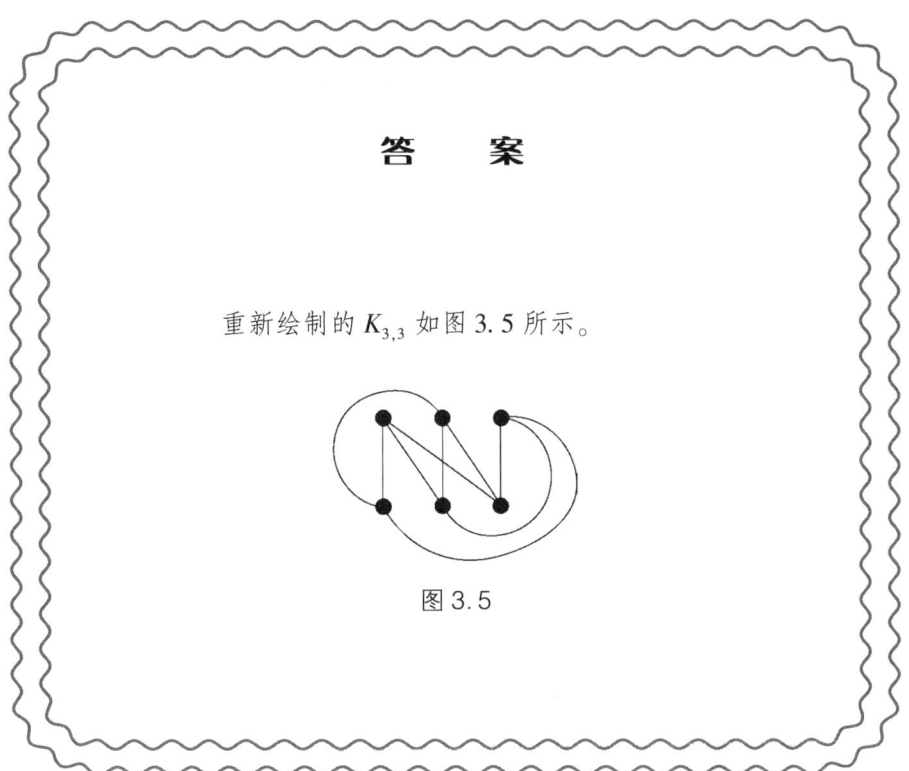

图 3.5

第 4 章
无嫉妒的分割

在讨论如何为每个人提供均等机会时，无论采取何种分割方式，问题都会不断回到如何公平、均等地分割蛋糕这件事上。本章讨论每位公民的公平份额，那么你还有什么不满足的呢？

在《切蛋糕与无尽的棋局》①的第1章"你的一半大于我的一半"中，我们考察了一些源于公平分割蛋糕的看似简单的问题，即给 n 个人分蛋糕，让每个人都相信自己的那一份至少是整块蛋糕的 $\frac{1}{n}$。现在我们重回该主题，并考察该理论的某些更现代的部分。

简要回顾一下我们已经得到的结果。在两个人的情形中，古老的算法"我切，你选"可以得到公平分割。在三人或三人以上的情形，有好几种可能性。"修剪"算法允许共享者依次减少号称公平的一份蛋糕的尺寸，条件是，如果没有其他人修剪这块蛋糕，那么最后一个修剪它的人必须接受它。在"逐次配对"算法中，最前面两人平分蛋糕，第三个人分别与前两个人商议，接受他们都认为至少等于整块的 $\frac{1}{3}$ 的那一份。在"分割与占据"算法中，共享者试图切一刀把蛋糕分成两部分，约一半人乐于平分其中一块，其余的

---

① 伊恩·斯图尔特著，汪晓勤、邹佳晨、陈慧译，上海科技教育出版社，2025年。——译者注

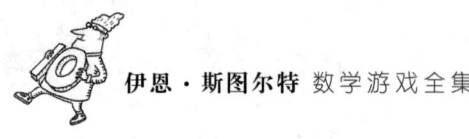

人乐于平分另一块。然后在这两块蛋糕上重复同样的分法,以此类推。

这些算法都是公平的,但有一个更微妙的问题。即使每个人都确信他们分得了公平的一份蛋糕,但由于嫉妒心作祟,一些人仍可能会觉得不平衡。例如,汤姆、迪克和哈里都对他们分到至少 $\frac{1}{3}$ 块蛋糕感到满意;然而,汤姆可能会觉得迪克的那块比他的大。汤姆的那份是"公平的",但他不再像之前那么开心。若没有人觉得别的某个人分得的那份比自己的大,则这种分法就是"无嫉妒的"。一个无嫉妒的分割总是公平的,但一个公平的分割却不一定是无嫉妒的。因此,找一个无嫉妒分割算法要比找一个公平分割算法更难。

易见,两个人的分割-选择是无嫉妒的,虽然上面提到的其他算法都不是无嫉妒的,但并非所有可能的三分蛋糕法都不是。20 世纪 60 年代早期,塞尔弗里奇(John Selfridge)和康威(John Conway)最先找到了三人情形的无嫉妒算法。

第一步:汤姆把蛋糕切成他认为大小相同的三块。

第二步:迪克有两种选择。(a)若他觉得两块或两块以上并列分得最大,则什么也不做;(b)把他认为最大的那块进行修剪,以得到前一种情形。将所有修掉的碎片放到一边,称累积起来的碎片为"剩余块"。

第三步:哈里、迪克和汤姆依次选择一块蛋糕——选择他们认为

最大或者并列最大的那块。如果迪克在第二步中修剪了一块,那么他必须选择被修剪的那块,除非哈里已经这样做了。

到这一步,部分蛋糕已由无嫉妒方式分割。因此,只需同样以无嫉妒方式来分割剩余块。

第四步:若迪克在第二步什么都没做,则无剩余块,蛋糕已被分割。否则,要么迪克,要么哈里拿了被修剪的那块。假设迪克拿了这一块(如果哈里拿了,从现在起,在所描述的做法中互换两人即可)。然后,迪克把剩余块分割成他认为大小相同的三块。

第五步:哈里、汤姆和迪克依次选择剩余块中的一块。哈里先选,所以他没有理由嫉妒。不管剩余块如何分割,汤姆都不会嫉妒哈里,因为哈里最多只能拿汤姆已经确信大小等于 $\frac{1}{3}$ 的一块。他也不会嫉妒迪克,因为他先于迪克作选择。迪克也没有理由抱怨,因为剩余块是他分的。

对于 n 个人的情形,存在无嫉妒分法吗?在这一点上,数学家们被卡了 30 年。1995 年,布拉姆斯(Steven Brams)和艾伦·泰勒(Alan Taylor)发现了一个非凡的任意多个人的无嫉妒分法。该分法十分复杂,这里我就不作介绍了。可参阅他们在《美国数学月刊》(*American Mathematical Monthly*)上的文章,或罗伯逊(Jack Robertson)和韦布(William Webb)的奇书《分蛋糕算法》(*Cake Cutting Algorithms*),两者都已在进阶读物中列出。

还有什么其他相关的问题呢?一种可能是将蛋糕分成不相等的

份额。例如,爱丽丝和鲍勃想这样分蛋糕:让爱丽丝相信她至少分到 $\frac{3}{5}$,鲍勃相信他至少分到 $\frac{2}{5}$——也就是说,两者希望按 3∶2 的比例来分。根据所要求的比是可以用 $\frac{3}{5}$ 这样的分数来表达,还是一个如 $\sqrt{2}$∶1 那样的无理数比,该问题的解法迥异。在前一情形,可用 3 个克隆人来取代爱丽丝,用 2 个克隆人来取代鲍勃,然后让 5 个克隆人平分蛋糕。对于后一情形,这种方法就不行了,因为你不能将某人复制出 $\sqrt{2}$ 份来。尽管如此,无理数比仍可通过有限次分割来实现,虽然你并不能预知到底需要多少次。

关于分蛋糕的理论,最有趣的特点之一就是罗伯逊和韦布所说的"分歧好运"。乍看之下,当每个人对每块蛋糕的大小没有异议时,公平分割似乎是最简单的——毕竟,对给定一份的大小并无争议。实际上,情况正好相反:一旦参与者对份额大小有争议,那就更容易皆大欢喜。

例如,假设汤姆和迪克正在使用分割-选择算法。汤姆把蛋糕切成他认为大小相等的两块,每块为 $\frac{1}{2}$。如果迪克同意这种分法,那就不用做什么了;但假设迪克觉得两块大小分别为 $\frac{3}{5}$ 和 $\frac{2}{5}$,则出于某种利他主义的理由,他可能会把他认为较大的那块的 $\frac{1}{12}$(整块蛋糕的 $\frac{1}{20}$)分给汤姆。按他的计算,他仍有 $\frac{3}{5}-\frac{1}{20}=\frac{11}{20}$ 块蛋糕。实现上述分配的一种方法是,让迪克把他所估计的较大的那块分成他认为大小相等的 12 份,然后他让汤姆从中选择一份。不管汤姆选择哪一份,迪克都觉得自己得到了余下的 $\frac{11}{20}$ 块蛋糕。另一方面,汤姆有 12 种选择,并且他把 12 块的总和看作整块蛋糕的 $\frac{1}{2}$。因此,按他的估计,其中至少有一块的大小为 $\frac{1}{24}$。选择这一块,最后他认为自己至少得到蛋糕的 $\frac{13}{24}$。所以,现在汤姆和迪克都感到满意,认为自己所得多于公平份额。

　　直观上,关于大小的不同看法不一定会导致关于何为公平分配的分歧。如果由第三个人来分蛋糕,并坚持让汤姆和迪克接受事先定好份额中的一份,那么这种情况才会发生;但如果汤姆和迪克自己来分,上述情况就可以轻易避免,因为此时如果汤姆觉得自己的那块比迪克的大,那么汤姆就更容易满足。其中的窍门就是以正确方式来分割和选择,仅此而已。这里有一条可供政治争端参考的信息:如果能让有关派别回到谈判桌上自行讨论,那么,解决办法就更容易找到。一个局外者不管看起来有多么中立,由他强加的解决方案可能并不能为当事双方所接受。

　　同一原理的另一个例子是湖畔土地分割问题。假设一条东西方向的直路沿湖而过,路与湖之间的土地用南北向地界线分割。问题是:将这片地分给 n 个人,使得每个人都觉得自己得到了整块地的至

少 $\frac{1}{n}$。解法很简单:从空中给这片地拍一张照片,并让每位分地者在上面画出南北向地界线,按他们自己的估计,把这片地分成大小相等的 n 块(图 4.1)。如果所有分地者所画的分界线都在同样的位置上,那么,其中任何一块都能让所有人满意;然而,如果对分界线位置有任何异议,那么有可能既让所有的人都感到满意,觉得自己得到了公平的份额,又会留下一些地。图 4.2 给出了一个典型的例子,其中汤姆、迪克和哈里已经完成上述程序。显然,我们可以给汤姆他自己分出的第一块地,给哈里他分出的第二块地,给迪克他分出的第三块地——还剩下一些地。图 4.3 给出一个更复杂的例子,其中汤姆、迪克、哈里、马西亚和贝吉要均分整片土地。1969 年,斯坦因豪斯(Hugo Steinhaus)证明,即使只有微小的异议,对于分界线的任何选择方式,都会出现同样的情况。罗伯逊和韦布在书中用数学归纳法对此作了证明。

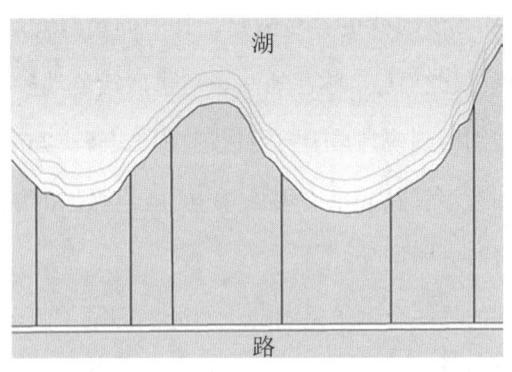

图 4.1　一人对湖畔土地的分割

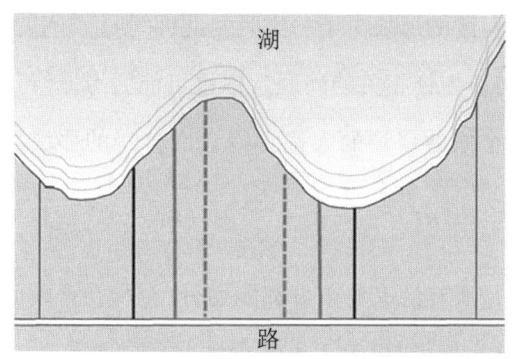

图 4.2　让三个人都满意,有剩余土地

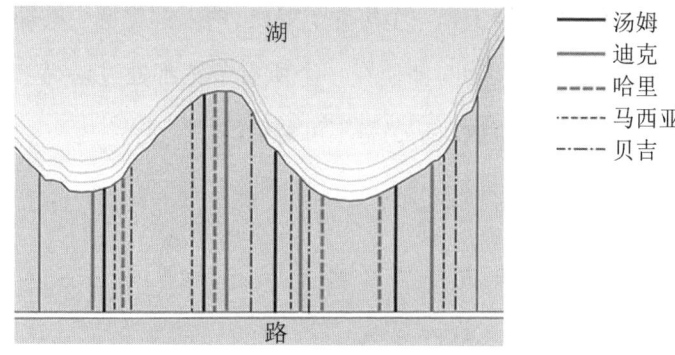

图 4.3　让五个人都满意,有剩余土地

你可能会考虑类似方法是否适用于蛋糕。让每个参与者在蛋糕照片上画出径向线,把蛋糕分成他们所认为大小相等的 n 份,然后比较他们的选择。问题颇为类似,但有一点麻烦:蛋糕"卷"成整个圆。但如果开始时只画出一条径向线,每张照片都一样,然后让大家以该线为基准画出自己的切蛋糕方案,结果又如何呢?

对于大小的争议也可以别的方式进行。有时,人们想要的并不是最大的一份,而是最小的一份。例如,汤姆和迪克分配修剪草坪任

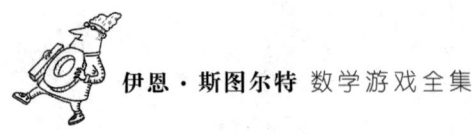

务,能让他们都觉得自己的那块少于一半吗?此即"脏活"问题,一个相对来说被忽视的与切蛋糕相关的问题。你也可能会考虑修正均分蛋糕的算法,以使 n 个修剪草坪的人都觉得自己分得的那块至多是整块草坪的 $\frac{1}{n}$。

遗憾的是,并不是所有的家务杂事都能均分,至少在合理的限制条件下不是。以洗碗为例,如果每个人必须洗并(或)擦干一个完整的碟子,那么在极端的情况下,不可能有公平的分配:想象有两个参与者,他们有一个大碟子和一个小碟子要洗,两人都想洗小的那个而不愿接受大的那个。因此,即使在一个所有争论都通过谈判来解决的完美世界里,某些争执似乎仍是不可避免的。

反馈信息

弗拉奇雷（James Fradgley）对分蛋糕问题背后的现实困境作了妙趣横生的评论。全文复述如下：

> 一个令人愉悦的数学方法，但完全不切实际。因为很多人都持有"邻家芳草绿"的生活准则。因此，某个时候看似公平的分法，可能在几分钟后就不公平了。在我的两个孩子四五岁时，我妻子把一小块蛋糕分成两份，每人一份，大小大致相同。女儿（姐姐）马上说："他的那块比我的大。"我妻子就问儿子，他是否觉得自己的那块比姐姐的那块大。他回答说，他并不觉得，并乐意交换。于是，我妻子把两份蛋糕换了一下，单纯地相信，他们两个都会满意。
>
> 但是……
>
> 女儿看着换过来的碟子，说："他的那块还是比我的大。"唉！无嫉妒的分割与现实或计算并无关系。

第 5 章
同步发光的萤火虫

在亚洲某些地区有一种萤火虫，它们中的雄性合力吸引异性，当它们共同发出求爱信号时，整棵树上同步地闪烁着绿光。我们都知道它们为什么这么做，但它们是怎样做到这一点的呢？

萤火虫与复活洗牌法

  大自然中最壮观的景象之一,出现于日落后的东南亚,大群大群的萤火虫同时发光。1935 年,美国生物学家史密斯(Hugh Smith)这样写道:

> 想象一下吧,在一棵高达 35 到 40 英尺[①]的大树上,每片叶子上似乎都停着一只萤火虫。所有的萤火虫以完全一致的步调发光,大约每两秒钟闪烁三次,在两次闪光之间,整棵树隐没在黑暗之中。想象一下吧,河岸上延绵十分之一英里[②]的一排红树,它们的每片叶子上都步调一致地闪烁着光亮,最两端树上的萤火虫居然也和中间树上的萤火虫完全同步地发光。那时,如果一个人的想象力足够丰富,他也许能够在脑海中勾勒出这一奇观的轮廓。

为什么这些闪光完全同步?生物学上给出的解释似乎有点进化论的味道。只有雄性萤火虫才有发光的本能,它们要吸引异性。同步的闪光能吸引更远处的异性,提供了进化上的优势。

---

① 1 英尺约为 0.3048 米。——译者注
② 1 英里约为 1.609 千米。——译者注

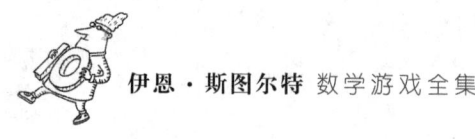

数学上如何解释这件事呢？1990年，米洛罗（Renato Mirollo）和史特罗盖兹（Steven Strogatz）证明，同步性必按照某些数学模型进行，这些模型假定每一只萤火虫都以一种特有的方式和其他任何一只萤火虫相互作用。他们的想法是，建立这些昆虫和它们之间所传递的信号的模型——一组通过视觉信号连在一起的数学"振荡器"。这种模型吸收了萤火虫的某些重要生物特征（当然，经过了简化）。下面我会解释振荡器一词的含义。

萤火虫使用一种特殊的发光化学物质来产生闪光。它们体内的这种化学物质很充足，但它们会按照一种"准备"周期，少量地释放这种物质。实际上，萤火虫一旦发光之后，似乎从零开始稳定计数，当计数达到100时它就再次发光。这种准备状态——打个比方就是计数所达到的数值——就是该循环的"相位"。

从数学上看，这样一种循环就是一种振荡器——一种靠自身的自然动力不断重复相同行为的部件。一群萤火虫可以用这种连在一起并以一种完全对称的方式相互作用的振荡器网络来表示。也就是说，每一个振荡器以完全相同的方式作用于其他所有的振荡器。该模型最不寻常的特点是，振荡器是"脉冲耦合的"，由生理学家佩斯金（Charles Peskin）于1975年首次引入。这意味着一个振荡器只有在产生闪光的瞬间才作用于相邻振荡器。数学上的困难在于厘清所有这些相互作用。米洛罗和史特罗盖兹运用动力系统理论中的技术来解决这个问题，其中振荡器是特别重要的组成部分。

振 荡 器

　　振荡器是周期性节律之源，在生物学中很常见，也很重要。我们的心脏和肺都遵循有节律的循环，其周期与身体需要相适应。自然界中的许多节律都与心跳相似：它们自我管理，在"幕后"运转。另一些节律则像呼吸：存在一种简单的"默认"模式，只要没有什么异常情况发生，这种模式就会一直运行下去；但必要的时候也会出现一种更复杂的控制机制，调节节律以满足即时需求。

　　系统为什么会振荡？在你不想或不能保持静止的情况下，振荡乃是你能做的最简单的事。为什么关在笼中的老虎会踱来踱去？它的运动是两种限制条件共同作用的结果。首先，它感到紧张不安，不想坐着不动。其次，它被囚禁在笼中，不能躲藏到最近的山林中。在你不得不动，却又不能逃跑的情况下，你能做的最简单的事就是振荡。诚然，并没有什么东西迫使振荡重复规则的节律。老虎也可以沿笼子走一条不规则的路线。但最简单的选择——因此也是数学上和自然界中最有可能出现的——就是去寻找一系列可以做到的运动，并不断重复它。这就是周期性振荡的含义。一个物理学中的例子就是小提琴琴弦的振动：弦也有着周期性的振荡，其原因和老虎一样。它不能保持静止，因为它被快速拉离了平衡点；它也无法逃逸，因为它的两端是被固定住的。

萤火虫的振荡产生于一种被称为"整合-点火"的机制——或者,对萤火虫来说,也可称之为"整合-闪光"机制。在这种振荡器内,某个量逐渐增大(整合),直到临界点。超过这个临界点,就会引发一场突变("点火"或"发光"),该量又回到零,之后又开始递增(图5.1)。对萤火虫来说,这个量就是循环的相位,它决定什么时候释放引起闪光的化学物质。当相位达到临界点,萤火虫就发光;当相位归零,过程重新开始。实验室和野外的观测表明,其他萤火虫发现闪光时会变得很兴奋,于是它们自己的相位也会得到突然提升,逐渐接近临界点。

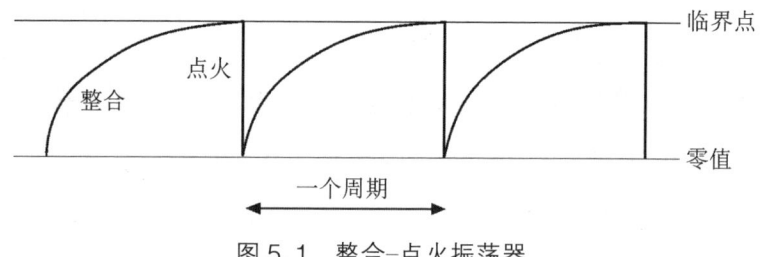

图5.1 整合-点火振荡器

如果一个振荡器影响另外一个振荡器的状态,那么我们就说它们是耦合的。经典的例子来自杰出的荷兰物理学家惠更斯(Chistiaan Huygens),他观察到置于同一架子上的摆钟会互相影响。每个钟摆都引起架子振动,而这种振动又被传递给另一个钟摆。这种相互作用常常导致钟摆的摆动同步化。

但是,耦合的振荡器并不总会发生同步化。一个很好的例子就是行走中的动物的腿。每条腿都是一个振荡器,动物的身体将它们耦合起来,但正常情况下各条腿并不同时移动。一群萤火虫的行为

萤火虫与复活洗牌法

就像一个耦合振荡器系统。对于这个系统来说,同步振动似乎是个准则。数学家的任务就是找出个中原因。

佩斯金为了寻找答案迈出了第一步。在研究心肌纤维同步性的过程中,他引入了一个整合-点火振荡器的特定模型。他的模型给出了一个关于相位增长的具体方程。该方程也可用于萤火虫——生理学的研究表明,该方程合理地表示出了萤火虫闪光的周期,尽管并不那么精准。佩斯金还为整合-点火振荡器引入脉冲耦合这一重要概念。这里,一个振荡器只有在点火的时候才会作用于其他振荡器。之后,它将一个信号发送给其他振荡器,提高它们的相位。当另一振荡器的相位提高后超过临界值,它也会点火,重复上述过程,以此类推。

事实证明,来自其他萤火虫的视觉信号就是通过上述方式影响萤火虫体内的化学物质的。当一只萤火虫看到另一只萤火虫闪光,它就会兴奋起来,它的闪光循环相位从而逐渐接近临界值。佩斯金证明,如果两个相同的脉冲耦合整合-点火振荡器符合他的方程,那么它们最后就会同步。(实际上,如果它们的初相被设定为十分特殊的值,那么它们的闪光就会周期性地交替,但这种状态是不稳定的——稍遇干扰即遭破坏。除了这些特殊值外,整个系统总是同步的。所以我们说它"几乎总是同步的"。)

他还猜想,任何耦合的整合-点火振荡器形成的网络也都是如此。米洛罗和史特罗盖兹证实了这一猜想,并提出了一个比佩斯金方程更一般的方程。在他们的文章中,基于一些技术上的假设,他们证明,系统内不管有多少个相同的、两两耦合的整合-点火振荡器,它

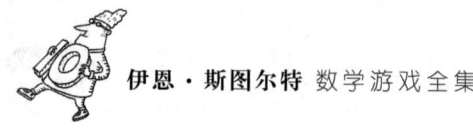

们最终几乎总是会变同步。(同样,在某些罕见的初始条件下,振荡器的行为也是周期性的,但状态是不稳定的,因此我们说"几乎总是"。)他们的证明基于一种称作"吸收"的思想。当两个相位不同的振荡器锁在一起,从而变同步时,就发生了"吸收"。因为耦合是完全对称的,所以一组振荡器一旦锁在一起就不能解开了。根据一个基于几何学和分析学的证明,一连串这样的"吸收"最终必将所有振荡器锁在一起。

我们可以用一个更简单的模型来探索萤火虫系统——"闪光"单人游戏。游戏所用筹码沿正方形四边移动。我用6×6正方形来解释发光现象,但你也可随意选用任何大小的正方形——8×8的国际象棋棋盘或10×10的大富翁游戏棋盘都行。游戏只用到外沿方格(见图5.2)。选一角落上的方格(四边用粗线标出)作为"闪光"格。四条边分别用数字1、2、3、4按顺时针方向依次标记。随机放置一些代表萤火虫的筹码:我用了三个,但你可以随意用任意数目的筹码。萤火虫所在位置表示它们的相位:按顺时针方向,萤火虫的位置越远,它离临界值越近。"闪光"格就是萤火虫开始闪光、并将其化学物质释放归零的临界值。

该游戏分步进行,在每一步,每一只萤火虫都至少移动一次。各步的规则如下:

1. 每只萤火虫按顺时针方向移动一格(按自然周期增加相位)。想象它们在同步移动有助于我解释这些规则,尽管实际上你只能一个一个地移动它们。

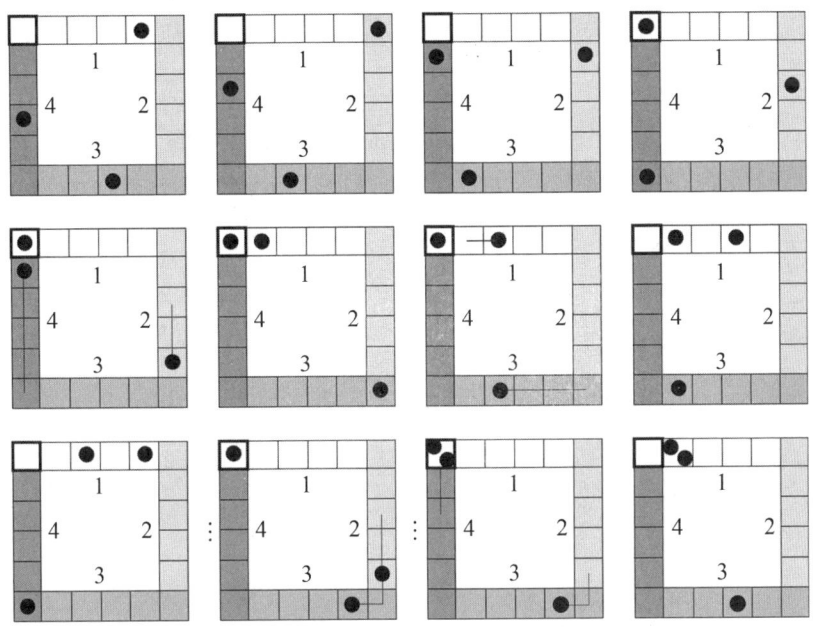

图 5.2 闪光游戏中的开头几步
省略号表示省略了若干步,线条表示由另一只发光萤火虫引起的相位增加

2. 若某只萤火虫到达"闪光"格,则顺时针移动其他所有萤火虫,移动的格数等于其所处棋盘边所对应的数字。例如,一只位于 3 号边上的萤火虫按顺时针移动三格。(此即脉冲耦合:其他萤火虫看到一只在闪光,它们的相位就向接近临界值的方向增加。相位越大的萤火虫,其移动的格数也越多,现实中萤火虫的行为就是这样的。)

3. 若在步骤 2 中,某只萤火虫一次移动的格数多到会越过"闪光"格,则将其停在"闪光"格上不再移动。

4. 若经过步骤 2 和 3,某只萤火虫到达"闪光"格,则回到步骤 2,按规则 2 移动其他萤火虫。

5. 若有两只或两只以上的萤火虫停在同一方格上,则将其看作一只萤火虫,作为一个单元来移动。

图5.2给出了该游戏的开头几步。为了节省空间,前八步如数给出,但之后各步中,除非有萤火虫到达"闪光"格,否则将其省略。

萤火虫与复活洗牌法

问　题

图 5.2 中有两处省略，请说出这两处分别省略了几步，以及某只萤火虫到达"闪光"格后其他萤火虫如何移动。

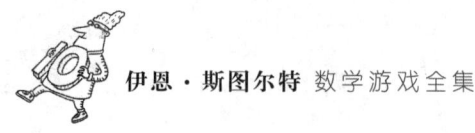

在所给各步中,两只萤火虫最终到达同一格,这表示它们已同步发光。此即"吸收"之例。由游戏规则可知,之后它们将作为一个单元移动,所以再不会不同步。继续玩下去,你会发现三只萤火虫最终都同步发光了。

用不同的初始位置和不同数目的萤火虫来试试该"闪光"游戏,只要玩的时间足够长,它们基本上最终都会同步。然而,我怀疑在某些棋盘上,可能存在某个初始位置,它会演变为周期性的、不同步的行为。这种位置对应了米洛罗-史特罗盖兹理论中的不稳定状态。闪光游戏是一个有限状态的模型,尽管与米洛罗和史特罗盖兹分析过的模型相似,但更简单,故其行为也可能会有所不同。

类似的思想亦适用于萤火虫以外的其他许多系统,包括心脏的起搏细胞、大脑中的神经元网络(包括那些控制昼夜节律的神经元)、胰腺中的胰岛素分泌细胞、齐鸣的蟋蟀和纺织娘以及经期同步的女性人群。正如一位本地公交司机写给我的信中所指出的那样,这还和一个现象有密切关系:那就是,你苦苦等了公交车很长时间,可一辆都没来,直到突然三辆公交车同时到来。同步的公交车!

反馈信息

我问过这样一个问题：闪光游戏的结果是否有可能不完全同步，而是这样一种情形——存在一个周期性循环，并非所有棋子最终到达同一方格？（这在萤火虫同步发光的标准数学模型里是不会发生的，因为循环之相位是连续变量，但在类似的离散状态问题如闪光游戏中则是有可能的。这种情形也可能发生在其他一些类似的相位连续变化的数学模型之中——从而这类模型中也可能出现"混沌"的情形。）

加州大学欧文分校的埃文斯（Williams J. Evans）来信说：

> 若在 12×12 棋盘上玩这个游戏，且萤火虫数目为 5，则存在一个初始状态，会导致周期性的循环。我分析的结果是，图 5.3(a) 的位置（5 只具有不同相位的萤火虫）在经过 27 次移动之后，会变成图 5.3(b) 的位置，而且，第二幅图在经过 38 次移动之后开始重复——从而产生了一个周期为 38 的无限延续的循环。

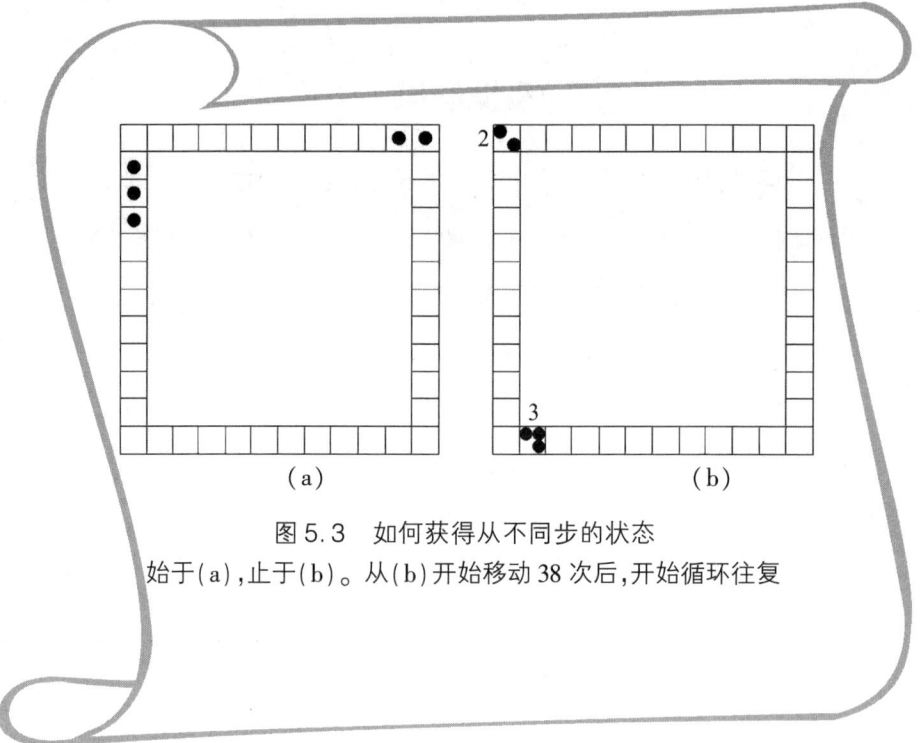

图 5.3　如何获得从不同步的状态
始于(a),止于(b)。从(b)开始移动38次后,开始循环往复

以色列莱霍夫的艾斯纳（Cindi Eisner）在这个问题上花了很大的功夫：

> 我对所有中等大小的棋盘作出了完整的分析，找到了没有一对萤火虫会合的最大萤火虫群（16×16以内的棋盘）、没有一对萤火虫会合的初始状态数目（15×15以内的棋盘）以及不能达成最后同步的初始状态数目（11×11以内的棋盘）。例如，在

一个 4×4 棋盘上,使得没有一对萤火虫会合的最大萤火虫群含有 4 只萤火虫,分别始于位置 1、4、7、11;循环长度为 10。在 15×15 棋盘上,无一对萤火虫会合的最大萤火虫群含有 15 只萤火虫,分别始于位置 0、4、6、8、11、13、17、21、24、27、31、37、41、46、51;循环长度为 41。在 15×15 棋盘上,在 $7.205\,76×10^6$ 种可能性中,有 124 523 种无一对萤火虫会合的初始状态。在 11×11 棋盘上,在 $1.099\,51×10^{12}$ 种可能性中,有 $6.760\,99×10^{10}$ 种最终不同步的初始状态。

此外,对于任何大小的棋盘,总会有使得两只萤火虫从不相遇的初始条件。例如,把它们放在一个 $n×n$ 棋盘上的位置 0 和 $2n-3$;循环长度为 $2n×2$。我猜想,该初始状态可能是使两只萤火虫不达到同步的唯一状态。

答　案

　　第一处省略了 5 步。由于当前"闪光"格上没有萤火虫停留，距离"闪光"格最近的是位于 4 号边上的萤火虫，它每次移动 1 格，需要移动 5 次才能达到"闪光"格，此时，另外两只萤火都位于 2 号边上。在这之后，根据规则 2，位于"闪光"格上的萤火虫停留在原地，位于 2 号边上的萤火虫分别向前移动 2 格，如第一个省略号之后的小图所示。

　　第二处省略了 10 步。3 只萤火虫同时开始移动，每次移动 1 格，直到有一只萤火虫到达了"闪光"格，此时它已经移动了 9 格，离它最近的萤火虫现在位于 4 号边上，距离"闪光"格有 2 格的距离，另一只萤火虫则到达了 2 号边。下一步，根据规则 2 和规则 3，位于"闪光"格上的萤火虫停留在原地，而位于 4 号边上的萤火虫前进 2 格到达"闪光"格，与停留在原地的萤火虫相遇，而 2 号边上的萤火虫前进 2 格，如第二个省略号之后的小图所示。

第 6 章
电话线为何缠结

电话线缠结问题十分普遍,以至于一些公司出售解线或防止电话线缠结的装置,甚至完全消除电话线。(人们称之为"无线",在我小的时候,它指的是"收音机"。时代变得多快啊!)电话线为什么缠结? 这与 DNA 有何关联?

萤火虫与复活洗牌法

电话线为什么常常会缠结在一起?

我所考虑的是那些与挂在墙上的电话机相连、形如长长的螺线形线圈、可伸长的那种线。电话刚装上时,线挂得好好的;但几周后,它们就缠结起来了。橡皮筋也有同样的效果——平带状的最佳——如果你分别用两手的拇指和食指轻轻握住它的两端,并且转动手指(图6.1)。或者你也可以用两手的拇指和食指握住一段细绳,并转动末端。这种现象叫作"超螺旋化",出现在从海底通信电缆到DNA的很多科学领域。

图6.1 将橡皮筋搓成超螺旋

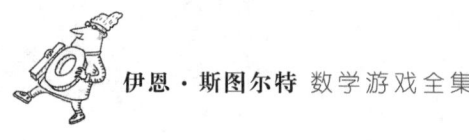

我知道为什么我家的电话线会变成超螺旋。细节可能不同于你家的电话线,但总的机理大致相同,和按上述方式让橡皮筋或细绳卷起来的机理是一样的。电话响时,我用右手接起,大约扭转了一个直角。为了通话,我把电话转移到左手,这一下又扭转了两个直角。通话完毕后,我再用左手把电话挂到墙上,最后第四次把电话线扭转了一个直角。因此,每次使用电话时,我都会把电话线扭转整整360°——并且每次都按同样的方向。

若我一直用右手拿电话,则放回电话时可能就不会扭转电话线了。但换手决定了电话线的命运。同样的情况发生在花园割草机的电线上。使用机器时,我把线盘在肩上,就像登山运动员的绳索一样。一段时间后,电线沿其长度方向变得越来越缠结。某个东西使得线圈扭转起来——但到底是什么东西呢?

组织起对这类问题的思考的数学分支叫拓扑学——"橡皮膜几何学",即研究连续变换的几何学。拓扑学家区分了把平带变成环形的两种不同方式:扭转和缠绕。为了解这两种方式的区别与联系,可制作一条长硬纸带——建议制成20cm长、1cm宽。最好使纸带的两侧不一样:一侧涂上红色,另一侧涂上蓝色,或者一开始就用两侧不同的纸。

平握纸带,将其指向远离身体的方向,左手拇指和食指握住近的一端,右手拇指和食指握住远的一端。食指在上,拇指在下。

现在移动右手,将纸带绕左手中指一圈[图6.2(a)]——为舒适起见,只需移动右手拇指和食指,而无需放开纸带。这听起来可能很复杂,但实际动手时,这些动作十分自然。然后,移开左手中指,留下一个空环[图6.2(b)]。若纸带有点弹性(真实的纸并没有弹性,但拓扑学家的"纸"是有弹性的),则可将其拉平,当然,此时纸环部分重叠。无论是哪种方法,都在先前的平环上插入了一个缠绕(螺旋)。

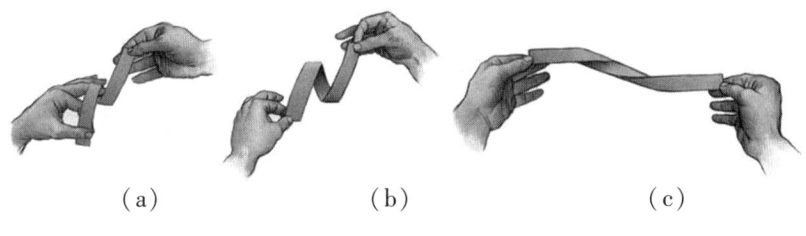

(a) (b) (c)

图6.2

(a) 将纸带绕中指一圈;(b) 移开中指;(c) 拉平,将缠绕转变成扭转

现在回到图6.2(b)所示的情况。轻轻拉离两手,带子变成图6.2(c)所示的形状。这不是一个缠绕,而是一个扭转。将纸带水平横放在前面,固定左端,将右端扭转360°,亦可得同样效果。因此,我们看到,拓扑学上的缠绕可变形为扭转。

这里有一个重要的技术问题。缠绕和扭转都有方向——它们可"正"可"负"。决定何者为正何者为负并不特别重要,但我不想用细节来增加你的负担,因此,你可以用维尼熊辨别左右的方式来处理此事。维尼熊知道,一旦它判断出哪个脚掌为右边,则另一个就为左边。问题是如何开头。这里,一旦你判定一个给定的缠绕或扭转为正,则其镜像就为负。一个可行的开头方法是约定图6.2(b)中的缠绕为正,而图6.2(c)中的扭转为负。因此,扭转数是缠绕数的相反数。从该选择可导出简单的等式 $T+W=0$,其中 T 为扭转数,W 为缠绕数。按不同的符号约定,亦可得 $T-W=0$。两个等式均可,但你必须选择其一,并始终如一。

再回到开头的一条平纸带,但这一次把纸带绕左手中指两圈——两个(正的)缠绕。当你把双手拉开时,两个缠绕变成了一个双扭转(转过了720°)。因此,两个(正的)缠绕可以变成两个(负的)扭转。由此,两个(正的)缠绕也可以变成一个(正的)缠绕加一个(负的)扭转。从三四个缠绕的试验中可以发现,一个给定数目的(正的)缠绕可以变成同样数目的(负的)扭转。

事实上我们可以证明这一点。图6.3(a)说明了在保持两端方向不变的情况下一个正缠绕是如何变成一个负扭转的——如用手指把纸带两端压在桌面上,然后仅仅滑动两端一样。图6.3(b)给出了一系列的缠绕(有3个)。可以沿3条"边界"将它们进一步细分为3个独立的单个缠绕。每个单个的缠绕均可变成一个扭转,而保持边界始终落在桌面上。由于边界方向始终不变,这3个扭转自然就"黏合"在一起,成为一个三扭转。显然,这里的数3并没有什么特殊性,因此,可以断言,给定数目的正缠绕可以变形为同样数目的负扭转。因此,$T+W=0$,如前所述。

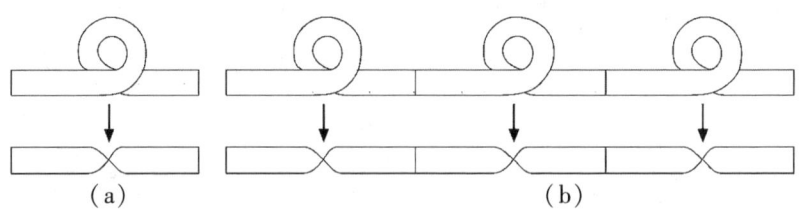

图6.3
(a) 一个缠绕变成一个扭转;(b) 重复该程序把任意多个缠绕变形为同样多的扭转

乍看之下，一根普通的细绳似乎与橡皮筋不同。然而，你可以通过想象一根平纸带沿其中心转动，来追踪细绳是如何变成超螺旋的。扭转细绳的一端，纸带也随之扭转，纸带的扭转圈数等于你转动绳子的圈数。若你始终拉紧绳子，则绳子只能扭转；但是，若你把两端移往一处，则细绳会发生缠绕，超螺旋应运而生。

细绳倾向于缠绕的原因与它有点弹性的事实有关。说它有弹性并不是在"橡皮筋"的字面意义下，而只是在工程的意义下。当它弯曲时，会产生回复力，你让它弯曲得愈厉害，它的回复力就愈大。1833 年，格林希尔（A. G. Greenhill）首次解释了上述缠绕（而非扭转）的倾向。他证明，缠绕形状的弹性势能低于相应的扭转形状。即使对纸带而言，也有着同样的事实。你可以通过实验来加以证实：除非你拉紧纸带供给能量，否则它就倾向于缠绕。格林希尔又加了一个细节，证明了若一根无限长的细棒在"无穷远处"受力扭转，则细棒就会弯曲成螺旋线。1990 年，柯因（J. Coyne）证明，该螺旋线迅速收缩成单个扭转，最终细棒向内收缩，把扭转变成了一个局部化的小环——一个缠绕。如果细棒可以进一步缩小的话，那么该环会得到越来越多的缠绕。最近，三位澳大利亚数学家：昆士兰大学的斯顿普（D. M. Stump）和盖茨（K. E. Gates）、悉尼大学的弗雷泽（W. B. Fraser）采用更现实的模型假设，分析了细棒扭转的弹性理论。他们为超螺旋的精确形状找到了特定的公式，这些公式对于铺设海底电缆的工程师特别有用。发生在海底电缆上的这类扭转十分常见——同时也很棘手。

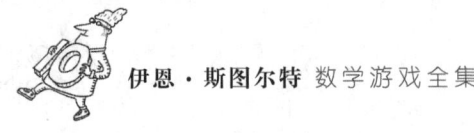

电话线的情况实际上更复杂，因为它一开始就是一条螺旋线——它已经扭转了（或缠绕了，依你的看法而定）。然而，电话线也会把扭转转换成缠绕，就像一根普通的细绳那样——至少是当你不允许它解开自身的螺旋线（这种情况时有发生）的时候。（电话线上也会发生有趣的"小故障"，其中相连的螺旋线彼此不甚吻合——这种情况就更微妙了。）可以想象一根又长又粗的绳子盘成螺旋线，一条长平带子嵌入其中，组成电话线。当电话线扭转时，粗绳随之扭转，从而带子也随之扭转。

DNA分子乃是生物体的遗传物质，它和电话线一样，是螺旋线。更准确地说，它是一个双螺旋，其两股螺线互相缠绕在一起。生物学家必须在各种不同条件下来研究DNA的双螺旋结构的几何学，他们发现，它也要经历超螺旋的形成过程，由缠绕转变为扭转。在解释DNA环的电子显微图像（图6.4）时，弄懂这些转换过程是很重要的。此外，正如我刚才所暗示的那样，DNA与电话线可以做出普通细绳做不到的事情：它们可以解开自己的螺旋。这一切有一个简单的拓扑学特征，拓扑学家和生物学家所设计的复杂得多的理论由此可见一斑。该特征涉及DNA环的三个特征：

- 连接数L，即DNA分子平铺在平面上时，一股螺旋线穿过另一股螺旋线的次数；
- DNA中的螺旋圈数T；
- 缠绕数W，即超螺旋数。

在这里，有一个漂亮的基本公式：

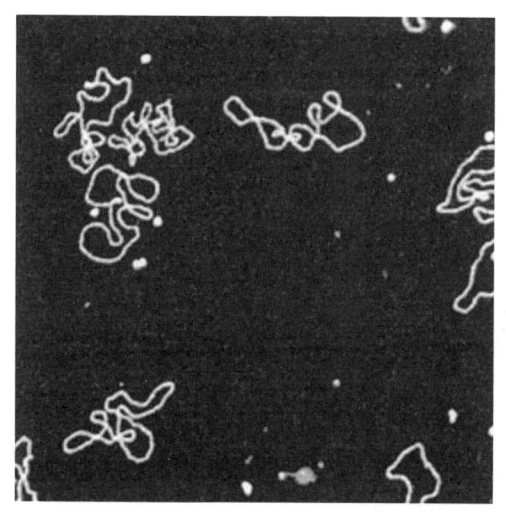

图6.4 DNA环的电子显微图像

$$L = T + W$$

这是前面平纸带公式"$T+W=0$"的推广,可用类似方法加以证明。平纸带的边没有连接,故 $L=0$。对于一个给定的 DNA 环,L 是固定的,但我们可以将缠绕转换成扭转,或相反。图 6.5 说明了利用 DNA 环如何进行这样的转换。在图 6.5(a)中,$L=T=20$,$W=0$。在图 6.5(b)中,插入了一个额外的扭转,T 增为 21。作为补偿,一个负缠绕($W=-1$)形成了,得到一个"8"字形。更多信息请参阅辛登(Richard B. Sinden)的《DNA 的结构与功能》(*DNA Structure and Function*)一书。

限于篇幅,我不能传达关于 DNA 拓扑学的更多内容。但仅仅是缠绕与扭转的故事,也提供了现实世界中不同方面相互联系的迷人例子,提供了用简单数学原理揭示隐藏的同一性的方法。

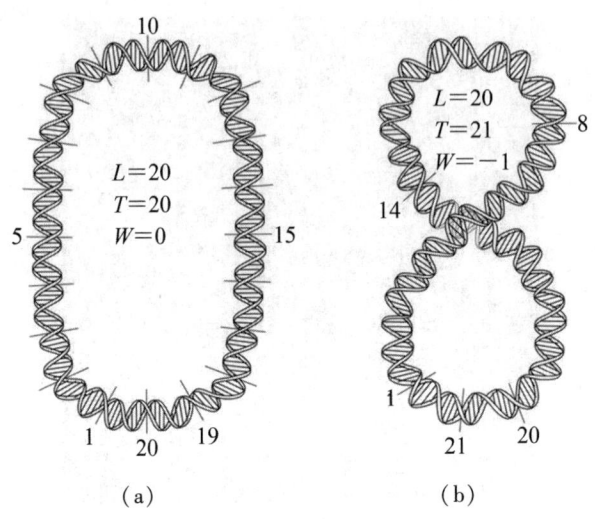

图 6.5　DNA 环中缠绕转换为扭转

问　题

数一数图 6.6 中，DNA 环的连接数 L 和缠绕数 W 是多少，并计算出 DNA 中的螺旋圈数 T。

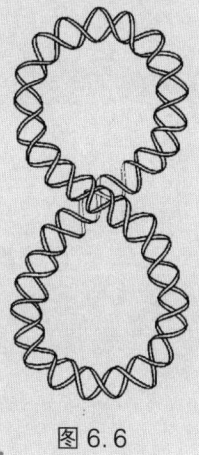

图 6.6

答　案

DNA 环中,其中一股螺线共穿过另一股螺线 20 次,所以 DNA 环的连接数为 $L=20$,由图 6.7 可知,DNA 环中有一个正向的缠绕,所以 $W=1$。由 $L=T+W$,即得螺旋圈数 T 为 19。

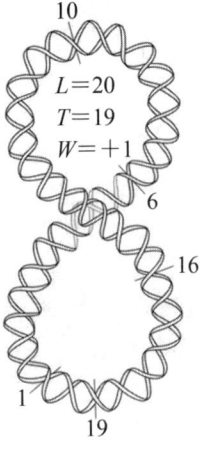

图 6.7　DNA 环中有一个正向缠绕

第 7 章
无所不在的谢尔宾斯基三角形

80多年前，一位波兰数学家发明了一条曲线，该曲线在每一点处都与其自身相交。他未曾想到，同样的形状会出现在整个数学领域，从帕斯卡三角形到河内塔谜题。但是，为什么答案是 $\dfrac{466}{885}$ 而不是 $\dfrac{8}{15}$ 呢？

奇怪的数,奇怪的形状……凡此种种,对于热爱数学的人来说,都为数学增添了吸引力。那些奇怪的关联更是如此——看似完全不同的话题却具有隐藏的、秘密的统一性。我最喜欢的例子之一就是谢尔宾斯基三角形,一种如图 7.1 所示的三角图案。用因芒德布罗而广为人知的术语来说,它是一种"分形",由比自身小的摹本组成,它也与曲线的自相交、帕斯卡三角形、河内塔谜题以及奇特的数 $\frac{466}{885}$(数值约等于 0.526 55)都有关联。该数应该与 π、e、黄金分割比等数并列,跻身每个人的"比表面看上去更重要的数"清单之中。

谢尔宾斯基

谢尔宾斯基三角形(芒德布罗也叫它谢尔宾斯基垫片,是个视觉上的玩笑)得名自波兰数学家谢尔宾斯基(Waclaw Sierpinski)。谢尔宾斯基 1882 年 3 月 14 日出生于华沙。1909 年,谢尔宾斯基开设了有史以来第一个系统性的集合论讲座课程,他的大部分研究属于集合论和点集拓扑领域。他的文集包含惊人的720篇论文（发表于1906年和1968年之间），外加106篇说明性的文章和50本书。他于1969年10月21日在华沙去世，墓碑上用波兰文刻着"无限的探索者"这几个精心选择的文字。

图7.1 谢尔宾斯基三角形

谢尔宾斯基三角形于1915年作为"既是康托尔曲线，也是若尔当曲线，其上每一点均为分支点的曲线"首次出现。通俗地讲，它是一条在每一点都与自身相交的曲线——这是一个经典的反直觉几何性质之例，具有这类性质的曲线被称为"病态曲线"。今天，它们已被看作数学上自然的、核心的主题，说明了过于天真的几何直觉的危险性。但当它们第一次出现的时候，大多数数学家都将其视为可怕的怪物。谢

尔宾斯基却有着更为丰富的想象力,他发现了它们的迷人之处。

严格地说,除了三个角落处之外,谢尔宾斯基三角形在每一点处都和自身相交。对此,谢尔宾斯基的回答是,如果用6个同样的三角形合成一个正六边形,那么,所得结果就是一条在每一点处都和自身相交的曲线了。

早在1890年,法国数学家卢卡斯(Edouard Lucas)发现一个定理,该定理揭示了谢尔宾斯基三角形与著名的帕斯卡三角形(图7.2)之间的联系。在帕斯卡三角形中,每一个数都等于其上左右两数之和。用更专业的术语来说,这些数被称为二项式系数,其中第 n 行第 k 个数等于从 $n-1$ 个物品中选取 $k-1$ 个物品的取法种数。该三角形(错误地)以约于1665年撰文对其作了讨论的帕斯卡(Blaise Pascal)命名,然而,早在16世纪初,该三角形就出现在阿皮亚努斯(Petrus Apianus)的算术课本的扉页上,它还见于1303年的一本中国算书[①]。实际上,它至少可以上溯到1100年海亚姆(Omar Khayyam)的著作,海亚姆则很可能是从更早的阿拉伯或中国的文献中学到该三角形的。帕斯卡三角形中的数的明确公式是由牛顿(Isaac Newton)给出的,但它实际上已为12世纪印度数学家婆什迦罗(Bhaskara)所知,尽管并非以牛顿的记号来表达。

[①] 帕斯卡三角形在中国最早可见于北宋数学家贾宪于1050年左右著成的《黄帝九章算经细草》,其书今已失传。后来,南宋数学家杨辉以《黄帝九章算经细草》为底本,于1261年左右著成《详解九章算法》。所以在中国,帕斯卡三角形被称为杨辉三角或贾宪三角。元代数学家朱世杰进一步发扬了杨辉三角的理论,将其成果记录在1303年成书的《四元玉鉴》中。——译者注

卢卡斯问:帕斯卡三角形中的数何时为奇,何时为偶？如图 7.2 所示,我用阴影表示奇数所在位置,当然,要得到完整的图案,还需更大的图形。用计算机进行实验,如图 7.3 所示,结果很令人惊讶:这些奇二项式系数所成的图案就像是"离散"版的谢尔宾斯基三角形。1890 年,卢卡斯通过使用二进制记数法,找到了这一图案的数学解释。通过寻找二项式系数中 3 的倍数,或除以 3 后余 1 或 2 的数——或更一般地,除以某个选定的数后余一给定数的数,则可得类似的图案。所得图案至少与奇/偶数所成的图案一样漂亮:请参阅进阶读物中斯韦德(Marta Sved)的文章。

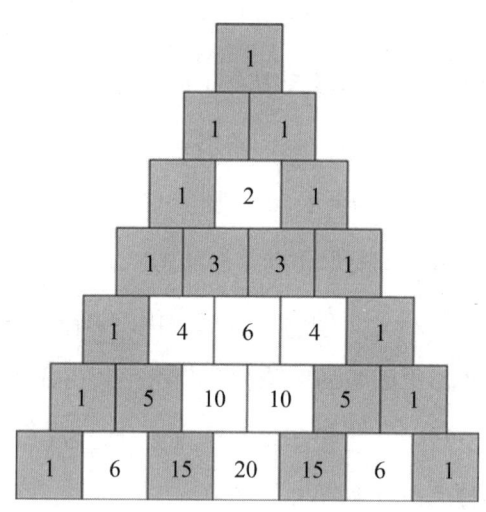

图 7.2　帕斯卡三角形(奇数以阴影部分表示)

一个奇怪的结果是,"几乎所有的"二项式系数都是偶数——也就是说,当帕斯卡三角形越来越大时,奇数所占的比例越来越接近 0。其原因是,由于谢尔宾斯基三角形是条曲线,因此它的面积——其极

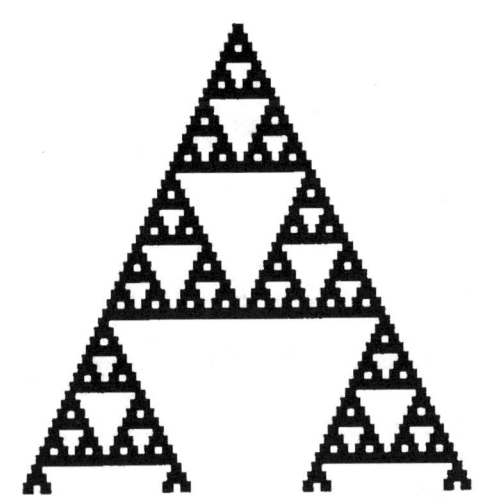

图 7.3 帕斯卡三角形中的奇数(黑色)和偶数(白色)

限表示奇二项式系数所占的比例——等于 0。辛马斯特(David Singmaster)进一步推广了此结果,他证明,对任意的 m,几乎所有的二项式系数都能被 m 整除。

谢尔宾斯基三角形似乎一直占据着卢卡斯的头脑——尽管他本人没有意识到这一点。1883 年,他化名克劳斯(N. Claus,其中的姓是他自己的姓的一个变位词)发售了著名的河内塔游戏。它由叠放在 3 根柱子上的 8 个(或者更少)圆盘组成——图 7.4 所示为 3 个圆盘的情形——它已经是趣味数学家和计算机科学家的老朋友了。如图所示,诸圆盘按大小顺序叠放在一根柱子上,每次只能移动一个圆盘,且大圆盘不能够放在小圆盘之上,最后,所有的圆盘都要移到任意一根空柱子上。

众所周知,该问题的解具有递归结构。即 $(n+1)$ 阶①河内塔的解

---

① n 阶河内塔由 n 个圆盘组成。——译者注

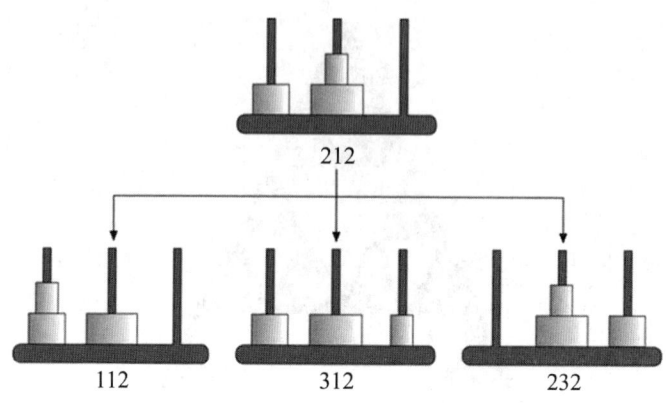

图 7.4 河内塔的典型位置及合法移动

可简单地由 n 阶河内塔的解导出来。例如,假设你知道如何解决 3 阶的情形,现要解 4 阶问题。先忽略最底下的那个圆盘,利用你所知道的 3 阶的解,将上面 3 个圆盘移到另一根柱子上。现在,暂时注意到仍留在原先那根柱子上的第四个圆盘,将其移到另一空柱子上。接着,再次忽略这个圆盘,但要记住它当下所在的那根柱子。按你所知道的 3 阶的解法,将最上面的 3 个圆盘移到该柱子上,即按要求置于第四个圆盘之上。用这一方法,若知道如何解 99 阶河内塔,则 100 阶也就迎刃而解了。同样地,若知道如何解 98 阶河内塔,则可解 99 阶……以此类推,最后,归于 1 阶的情形。但这一情形很容易解:只需取出仅有的 1 个圆盘,移到另一根柱子上即可。

我们可以从几何上解释这种递归结构,这也是河内塔与谢尔宾斯基三角形产生联系之处。任何这种一般形式(移动物体,有限个位置)的谜题都可以关联到一个图 H_n,它的结点就是圆盘可能的合法位置,它的边则代表了位置间的合法移动。那么,图 H_n 是什么样子

的呢？为明确起见，我们考虑图 H_3，它刻画了 3 阶河内塔的位置和移动。为了表示位置，我们用 1、2 和 3 将圆盘编号，1 号最小，3 号最大。从左到右分别以 1、2 和 3 给柱子编号。假设圆盘 1 在柱子 2 上，圆盘 2 在柱子 1 上，圆盘 3 在柱子 2 上。那么，我们已将位置完全确定下来了，因为由规则可知，圆盘 3 必位于圆盘 1 之下。于是，我们就可以将这个信息编码为序列 212，其中，3 个数字依次表示 1、2、3 号圆盘所在柱子的序号。因此，3 阶河内塔中的每一个位置都对应于由 1、2、3 构成的一个序列。由于 3 个圆盘之间彼此独立，每一个圆盘都可以放在任意一根柱子上，总共有 $3^3 = 27$ 种位置。

那么，什么样的移动才是合法的？在一根给定的柱子上，最小的圆盘必位于最上面，因此，它对应于序列中该柱子序号的首次出现。为（合法地）移动该圆盘，我们必须改变这个数，使其变成另外某数的首次出现。例如，从位置 212 出发，我们可以合法地移动到 112、312 和 232，且只有这 3 种移法。用这种方式，我们可以算出所有可能的 27 种位置以及所有可能的移动，对应的图 H_3 如图 7.5 所示，它包含了同样的 3 个更小的图（实际上就是 H_2），由 3 条边相连，形成一个三角形。

每一个更小的图 H_2 都有一个类似的三角结构，这是递归求解的结果。连接 3 个 H_2 的边，即为移动最底下圆盘的阶段，3 个 H_2 即只移动上面两个圆盘的方式——每个 H_2 对应于第三个圆盘的每种可能的位置。任一 H_n 与此相仿：它由 3 个同样的 H_{n-1} 组成，并连成三角形。图 7.6 给出了图 H_5 对应的三角形。

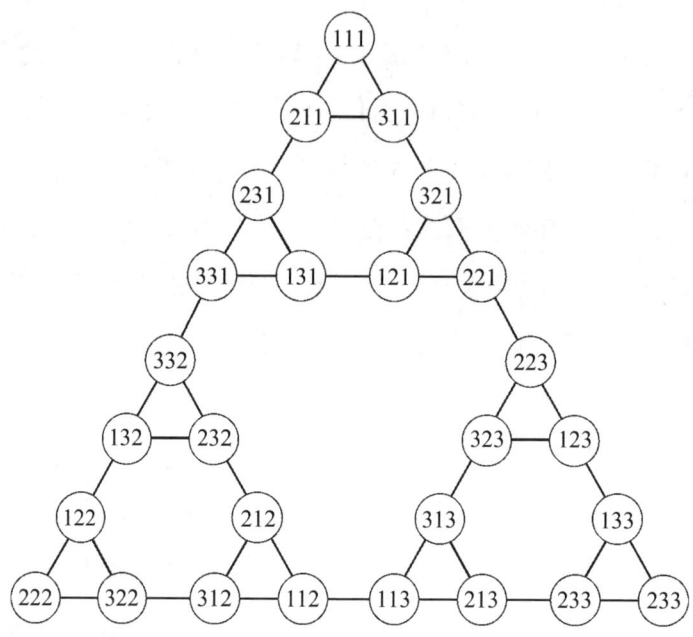

图 7.5

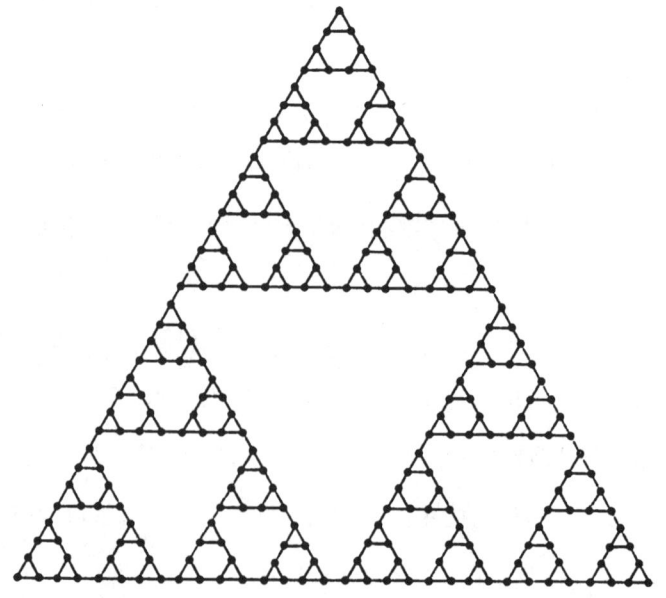

图 7.6

问　题

画出只有两个圆盘时，从位置 22 出发的图 H_2。

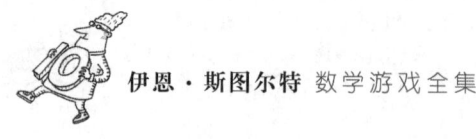

注意到,随着圆盘数的不断增大,相应的图像越来越像谢尔宾斯基三角形。

我们可以用图来回答各种关于河内塔谜题的疑问。例如,图显然是连通的——整个图连成一片——因此我们可以从任意位置移动到其他任意位置。从通常的起点出发到通常的终点,最短的路径是直线段,即整个三角形的边缘,其长度为 2^n-1。多年来人们已经知道这个结果的另一种形式——"最大的圆盘仅移动一次"。

现在说一件个人的轶事,它说明了一种思想如何能够把趣味数学转变为研究的主流。1989 年,我在《为了科学》(*Pour la Science*,《科学美国人》的法文版)上撰写了关于河内塔图的文章。不久,我参加了在日本京都举办的国际数学家大会,一位名叫欣兹(Andreas Hinz)的德国数学家作了自我介绍。他曾试图计算过谢尔宾斯基三角形中两点之间的平均距离,但遇到了困难,于是向两个专家请教。一个说"这很难",而另一个则说"这很平凡,答案是 $\frac{8}{15}$"。事实证明,第二个专家的证明是错误的,而第一个专家是对的。第二个专家的错误相当于假设,在河内塔中,对**标准**起止位置成立的著名定理——"最大的圆盘仅移动一次",对于用最有效的路径在**任意**两个位置之间移动的情形仍然是正确的。这种情形下定理并不总是成立,这是文献中的一个常见错误。

遗憾的是,就算你掌握了这一谬误的本质,它也不能帮助你找出正确的答案。但欣兹业已证明了河内塔中不同位置之间的平均移动次数公式。利用该公式,他证明在 n 个圆盘的情形中,两个不同位置之间的平均移动次数接近于 $\frac{466}{885} \times 2^n$。对于较大的 n,该公式是个很好的近似。他读了我的文章后,意识到从他的 n 阶河内塔的结果中,立即可以推出谢尔宾斯基三角形中两点之间的平均距离恰好等于 $\frac{466}{885}$。(只需将他的结果除以 H_n 的"边长" 2^n-1,并让 n 变得很大。度量单位的选择应确保三角形的边长等于 1。)这比第二位专家所给出的 $\frac{8}{15}$ 约小 2%。

目前,上述河内塔方法是人们所知道的求得答案的唯一解法。从统计学角度出发,欣兹还证明了,在一个单位边长的谢尔宾斯基三角形中,任意两点之间距离的方差恰好等于 $\frac{904\,808\,318}{14\,448\,151\,575}$。把它加入你的"比表面看上去更重要的数"清单之中吧!

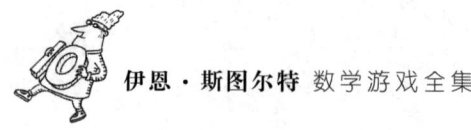

反馈信息

新泽西州查塔姆镇的梅嫩德斯（Ron Menendez）指出了谢尔宾斯基三角形的另一个实例。

在平面上作一个等边三角形，其顶点分别记为 A、B、C，在同一平面上任取一点 X。随机抽取 A、B、C 中的一点，每个点被抽中的概率为 $\frac{1}{3}$。（类似于掷骰子，让 1、2 对应于 A，3、4 对应于 B，5、6 对应于 C。）找到点 X 与所选点连线的中点，把这个点作为 X 的新位置。重复上述步骤，在 A、B、C 中随机选取一点，并将点 X 移到 X 当前位置与所选点连线之中点处。除了几个初始点会导致游动"停止"外，所得的"点雾"是个谢尔宾斯基三角形！

鉴于点的随机性，这个结果很让人惊奇。数学家巴恩斯利（Michael Barnsley）的自相似分形理论对此可作出解释。谢尔宾斯基三角形有 A、B、C 三个角。它由 3 个自身的摹本组成，每个摹本的总长度是它的一半：即通过将三角形中的每一点代之以该点与 A、B 或 C 连线之中点而得。 谢尔宾斯基三角形的这个特征对应于随机游动规则。 巴恩斯利证明，任何遵循规则的随机游动"收敛于"谢尔宾斯基三角形的概率为 1，这就意味着，经过若干步之后，你所作的每一点都与谢尔宾斯基三角形十分接近。

该例子的漂亮之处在于，谢尔宾斯基三角形能以十分随机的方式产生于一阵"点雾"，而不是一片片地画出来。

答　案

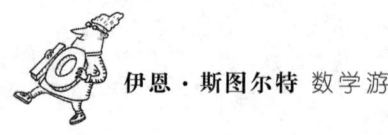

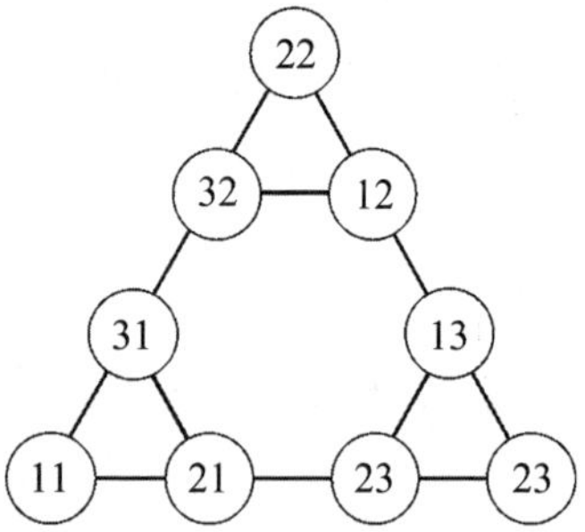

图 7.7　从位置 22 出发的图 H_2

第 8 章
保卫罗马帝国

公元 4 世纪，罗马帝国皇帝君士坦丁失去了对不列颠的控制，不久，罗马帝国土崩瓦解。很可惜，他不懂 0-1 规划。他面临的问题是算出军队的最佳配置方案。他本该派多少军团去高卢，多少军团去埃及，多少军团去君士坦丁堡？现在我们知道了。

第二次世界大战期间,麦克阿瑟将军(General MacArthur)在太平洋战区指挥军事行动时,采取了"跳岛战术"——把部队从一个岛转移到间隔的邻岛上去,当然,只有在他能留下足以维持原岛安全的卫戍部队的情况下,他才会这么做。随着进攻岛屿的前线不断前移,他自然就能让后面的部队向前挺进。因此,不必在整个战役中始终把庞大的卫戍部队驻扎在所占领的每个岛屿上。

公元4世纪,一个类似的部署问题摆在了罗马帝国皇帝君士坦丁面前,只不过他的任务是维持整个罗马帝国的安全。他选定了后来麦克阿瑟在太平洋所采用的策略,这似乎是该策略有文献记载的第一次运用。1997年,霍普金斯大学的雷维尔(Charles S. Revelle)和罗辛(Kenneth E. Rosing)运用"0-1规划"的数学技术研究了君士坦丁的问题,探讨他是否可以做得更好。他们的工作是该技术实际应用的一个漂亮范例——简洁而富有启发性,它也为一种有趣的游戏打下了基础。这类问题——尽管通常要复杂得多——常常出现在商业和军事决策之中。他们的研究工作的一个早期版本于1997年发表在《霍普金斯杂志》(Johns Hopkins Magazine)上,1999年,他们在国际定位决策研讨会上作了更广泛的描述。

用一个问题热热身:考虑君士坦丁时代罗马帝国的一个稍稍简化的版本(图8.1)。该"棋盘"显示了从小亚细亚到不列颠的8个区域,以及连接这些区域的路线。

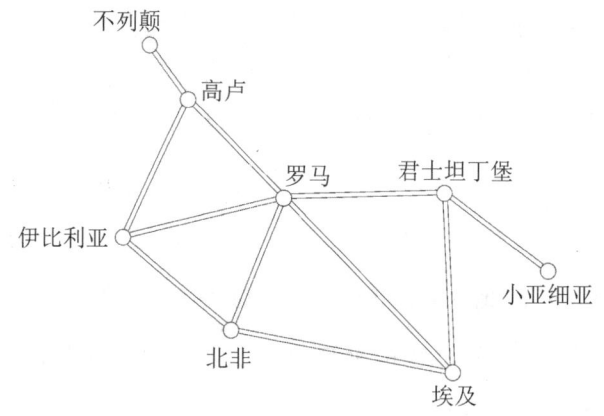

图8.1 君士坦丁时代罗马帝国的简化版

一个世纪前,罗马军队征服了欧洲的绝大部分,当时,可动用的部队多达50个军团。然而,到了4世纪,军团数已减半至25。君士坦丁实际上把军队分为4个集团军群,每个集团军群包含6个军团,并忽略了剩下的那个"多余"军团(实际上是使其中一个集团军群包含7个军团,而不是6个)。为确保有效地保卫帝国安全,他制订了一些部署和调动部队的简单规则。

将每个包含6个军团的集团军群想象成一枚单独的"棋子",放在棋盘上所标出的圆上。君士坦丁的规则如下:

- 若一枚棋子移动一步(从一个区域移动到相邻区域为一步)就

能到达一个区域,则该区域是可保卫的;

● 然而,只有当第二枚棋子占领同一区域时,才能按上述方式移动原来的棋子。(区域可包含任意多的棋子——亦即,你可以在任何区域驻扎任意多的集团军群。)

按上述规则,如何分配集团军群去保卫整个帝国呢？——或者,若不能保卫整个帝国,如何保卫尽可能多的区域呢？君士坦丁的解决方案是,放两个集团军群在罗马,两个集团军群在君士坦丁堡。可以检验,若以这种方式部署军队,有一个区域——不列颠——是不安全的。事实上,在有效执行君士坦丁规则的情况下,一个集团军群要移 4 步才能抵达不列颠;在接着阅读下文之前,请找出一种移动方法。

以下是一种方法。首先,从罗马移一枚棋子到高卢(于是,高卢安全了,对于罗马人来说,高卢无疑要比遥远、寒冷而又潮湿的不列颠重要得多)。然后,从君士坦丁堡移一枚棋子到罗马,再移到高卢,最后移到不列颠。从君士坦丁的部署方案开始,你能用 4 次或更少次数的移动找到另一种保护不列颠的方法吗？若不能,你能证明这样的方法不存在吗？(思考这些问题时,最好假设,在罗马的两枚棋子中,无论选择移动哪一枚,都表示"同一种"方法。)

是否有可能对君士坦丁的部署方案作出改进？是的,确有可能,因为存在一种部署方案,使每一个区域都可以在至多一步之内得到安全保障。在接着阅读下文之前,请再次找出这种部署方案。

事实上,恰有一种满足上述要求的部署方案。即,在罗马放两枚棋子,在不列颠放一枚棋子,在小亚细亚放一枚棋子。为什么君士坦丁不这样做呢？毕竟,该方案放了两枚棋子在罗马——共 12 个军团——正如皇帝实际做的那样。他似乎对该方案不满意,因为,如果有两条前线同时出现麻烦,那么罗马的防御能力就会大为减弱。一旦一枚棋子离开罗马,另一枚只能驻守原地——事实上,经过第一次并且也是唯一一次可能的移动之后,所有棋子都不能动了。

前面我说过,图 8.1 只是个简化版。君士坦丁实际面临的情况是图 8.2,一个"真实的"罗马帝国,多了伊比利亚和不列颠之间以及埃及和小亚细亚之间的连线。当然,君士坦丁仍喜欢自己的部署方案。我们可以选择不去管第二战场,这种情况下我们的"改进"方案——罗马放两枚,不列颠放一枚,小亚细亚放一枚——仍可以在至多移动一步的情况下保卫整个帝国。然而,现在我们有了新的连线,这使得更多的军队调动成为可能。

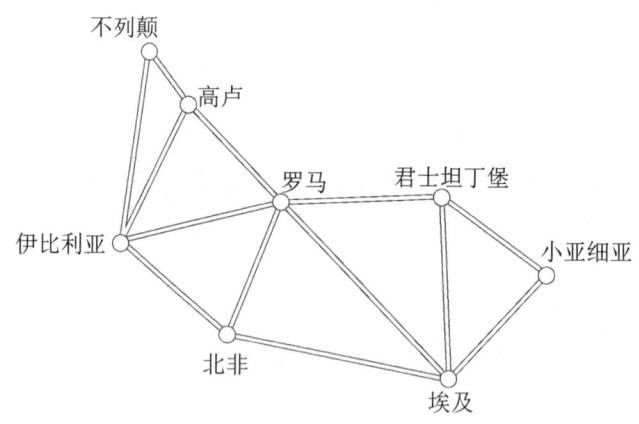

图 8.2　君士坦丁实际面临的情况

萤火虫与复活洗牌法

问　　题

是否还有其他方案,使得可以在至多移动一步的情况下保卫整个帝国?我将在本章结尾回答这个问题,但首先你得耐心做试验——在一张纸上画下这张棋盘,并用硬币代替棋子。

在给出问题的答案之前,让我说说可用于解决本问题以及更复杂的同类问题的数学知识。

这类问题大致所属的领域被称为"规划",其中一个操作是将所有这类问题表示成代数形式。一种方法是制表(花哨些的名称叫"矩阵"),它的行对应于棋子,列对应于区域。于是,矩阵有 4 行 8 列。因这里的每一枚棋子要么处在某个区域,要么不在这个区域,故可用 0 来表示一枚给定的棋子不在一个给定区域。用 1 表示这枚棋子在对应的区域中。图 8.3 给出了对应于君士坦丁实际选择的矩阵。他的所有规则都可以重新表述成这类矩阵元素的改变规则,因此,该问题可以重新表达为代数形式。这类问题被称为 0-1 规划问题,原因显而易见。

	罗马	埃及	君士坦丁堡	小亚细亚	伊比利亚	北非	高卢	不列颠
棋子1	1	0	0	0	0	0	0	0
棋子2	1	0	0	0	0	0	0	0
棋子3	0	0	1	0	0	0	0	0
棋子4	0	0	1	0	0	0	0	0

图 8.3 君士坦丁选择的矩阵

我不想深入讨论技术细节,但值得一提的是,雷维尔和罗辛的方法将该问题分解成了两个不同问题。第一个问题是"集合覆盖部署问题"(SCDP)。它忽略了棋子数为 4 的限制,转而求至多移动一步就能保卫所有区域的最少棋子数。(若答案"超过4",则原来的问题当然就无解了。)第二个问题是对第一个问题的补充,称为"最大覆盖部署问题"(MCDP)。它考虑了棋子数为4的限制条件,但忽略了必须保护所有区域的要求。它转而求用4枚棋子(只移动一步或不移动)可以保卫的最大区域个数。(如果必要,也可以考虑别的棋子枚数。)

解决上述的每一个问题,都有一般的方法(以计算机软件实现),它们对原问题进行界定,告诉我们用4枚棋子是否有解(答案是肯定的),是否用更少的棋子就能解决问题(答案是否定的)。此外,把两种方法结合在一起,则有可能求出所有可能的解。

雷维尔和罗辛的方法似乎是第一个(目前也是唯一的一个)能解决这类一般网络中分配问题的方法。尽管实际上会出现极多种类的配置方案,但对于实际范围内的大网络来说,这种方法还是切实可行的。

君士坦丁真的丢掉了不列颠。原因当然比这一简单模型所能捕捉到的信息更复杂。然而,我们有理由说:如果君士坦丁是一位更好的数学家的话,罗马帝国可能会延续得更久一些。(开个玩笑……如果在更复杂的情况下建立一个更现实的模型,那么这一点很可能是对的。)

这里,我们所看到的只不过是个谜题而已,而且我也已把答案告诉了你。但你也可以试试不同的网络、不同数目的棋子,并改变规则。特别地,考虑有两人(或更多个人)参加的竞技版本,每个参赛者

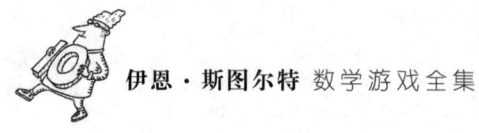

各配有自己的一套棋子——比如说红色和蓝色——若在一个给定区域内红棋多于蓝棋,则从棋盘中拿走蓝棋。(这里红棋"赢"而蓝棋"输"。)经过若干次试验,你就能想出来一些很好玩的游戏。

答　案

总共有6种不同解法。括号里的数表示放入区域的棋子数。(我们已经知道了解法4。)

1. 伊比利亚(2),埃及(2)。
2. 伊比利亚(2),君士坦丁堡(2)。
3. 伊比利亚(2),小亚细亚(2)。
4. 不列颠(1),罗马(2),小亚细亚(1)。
5. 不列颠(2),埃及(2)。
6. 高卢(2),埃及(2)。

第 9 章

三角移除

用一种规则很简单但策略极难的游戏来重温一下你的拓扑学知识吧。数学家们以为他们知道谁会完美地赢得一局比赛……但你可以猜得出，他们丝毫不知道如何证明自己是对的。

萤火虫与复活洗牌法

通过游戏和谜题来解释数学的传统至少可以上溯到古巴比伦人,他们的泥版就包含了算术谜题,这些谜题在今天完全可以被人们当作"应用题"接受。整个新数学领域的迅猛发展造就了全新的游戏,若不援引一些对古巴比伦人来说十分陌生的概念(诸如拓扑学或集合论),这些游戏的规则就很难陈述清楚。在 1996 年出版的《无机会游戏》(*Games of No Chance*)一书的一篇文章中,盖伊记述了盖尔(David Gale)发明的一个游戏,这个游戏开始时看上去像个集合论游戏,结束时却又成了拓扑学游戏。该游戏吊足了趣味数学家的胃口:例如,数学家们迄今仍不知道哪个玩家拥有制胜策略,尽管盖尔作出了一个貌似有理的猜想。此外,发明同样好玩的改编版游戏是很容易的。

回顾一下:集合论的基本研究对象是**集合**,即具有某种特定类型的对象的全体。属于一个集合的对象称为它的**元素**,它们**包含于**该集合中。

如果一个集合包含有限多个元素,那么我们可以通过在大括号中列举这些元素来定义它。例如,{2, 3, 5, 7} 是 10 以内所有素数

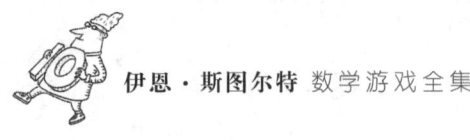

的集合。若集合 X 的每一个元素都是集合 Y 的元素,则称 X 称为 Y 的**子集**。例如,10 以内所有奇素数的集合{3, 5, 7}是集合{2, 3, 5, 7}的子集。任何集合都可看作它自身的一个子集。若集合 X 的一个子集和 X 不相同,则称该子集为 X 的**真子集**。

一个集合可以只有一个元素,如{2},即所有偶素数的集合。一个集合甚至也可以没有元素,此时,称该集合为**空集**。一个例子是所有大于 3 的偶素数的集合,用大括号形式表示,就是{ }。

盖尔的游戏叫"子集移除"。该游戏始于一个有限集 S,不妨取为从 1 到 n 的所有整数的集合{1,2,…,n}。游戏双方轮流选取 S 的一个非空真子集,须满足一个限制条件:前面已选过的子集(不管是哪一方选的)不能是新选的子集的子集。谁先选不出这样一个真子集,就算谁输。

玩此游戏的一种实用方法是,在纸上分出 n 栏,每一栏顶部依次标上 1,2,…,n,在同一行,在对应于所选子集的诸栏中标上"×"。于是,新的、合法的一步就不能包含前一步中的所有"×"。表示游戏各步的一种更有趣的方法是几何方法——实际上是拓扑方法,过一会儿我再作介绍。

按习惯,还是设游戏者为爱丽丝和鲍勃,爱丽丝先走。当 $n=1$ 时,并没有合法的走法。当 $n=2$ 时,我们有 $S=\{1,2\}$。对于爱丽丝来说,可走的第一步仅有{1}和{2},不论她选哪一个,鲍勃都会选另一个。于是,爱丽丝走不下去了,鲍勃赢。

$n=3$ 时,我们有 $S=\{1,2,3\}$。设爱丽丝选了含两个元素的子集,如{1,2}。则鲍勃就选择该集合的补集(含爱丽丝未选的所有元素),此处为{3}。现在,爱丽丝不能选择含有 3 的子集,所以她不得不选择集合{1,2}的一个子集。于是,接下来的整个游戏与初始集合为{1,2}的情形恰好一样,因为鲍勃也不能选择含有 3 的子集。因此,又是鲍勃赢。同理,如果爱丽丝一开始选择别的任何双元素集合,结果也一样。然而,爱丽丝还有另一种可能的开始策略:选择单元素子集,如{3}。此时,鲍勃选择补集{1,2}。于是,接下来游戏又回到了初始集合为{1,2}的情形,还是鲍勃赢。由于爱丽丝的初选要么是单元素子集,要么是双元素子集,因此,鲍勃就有了一个制胜策略:总是选爱丽丝所选集合的补集。

在接着读下文之前,你可以考虑一下 $n>3$ 时,同样的策略能否还能让鲍勃赢。

让我们走进拓扑学。拓扑学通常被称为"橡皮膜几何学",它研究的是图形在连续变换下的不变性。当然,我们这里并不需要任何橡皮。相反,我们要用到拓扑学中的一种基本技术,即将图形分成三角形(如果可能的话),也就是把图形分割成边边相连的一个个三角形。严格地说,这样的描述只适用于曲面,但如果我们用"单纯形"来代替三角形的话,本方法也适用于更高维的图形。例如,3 维单纯形是个四面体,顶点为 1、2、3、4。它有 4 个面、6 条棱和 4 个顶点。各面为三角形:即 2 维单纯形。各棱为直线段:即 1 维单纯形。各顶点为点:即 0 维单纯形。此外,这些 3 维单纯形的部件恰好对应于集合{1,2,3,4}的子集。四面体本身对应于全集{1,2,3,4}。各面对应

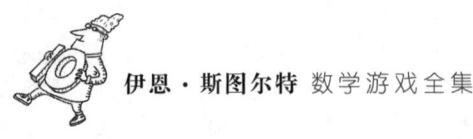

于三元素子集{1,2,3}、{1,2,4}、{1,3,4}和{2,3,4}。各棱对应于双元素子集{1,2}、{1,3}、{1,4}、{2,3}、{2,4}和{3,4}。各顶点对应于单元素子集{1}、{2}、{3}和{4}。

同理,一个(n-1)维单纯形等同于集合$\{1,2,\cdots,n\}$,它的各种不同的低维面(不论维数为多少,下文中我们统一使用这个术语)等同于元素个数比维数大1的子集。

现在,我们可以把"子集移除"游戏改成"单纯形擦除"游戏。游戏从一个单纯形开始。在每一步中,需选择一个任意维数的真子单纯形,擦除它的内部以及以它为一面的更高维的子单纯形。然而,所选子单纯形的边界——它的所有面——仍然保留。

我们可以用这一拓扑学表示法来分析一个3维单纯形的"单纯形擦除"游戏,它对应于"子集移除"游戏中$n=4$的情形。一开始是一个完整的3维单纯形,即四面体。由于全集{1,2,3,4}是非法的,因此,该四面体是"空的"——它的内部不可选。图9.1给出合法的连续各步(这种由各种不同维数单纯形所构成的图称为"单纯复形")。对所有这样的序列作系统考虑,可知鲍勃在$n=4$的游戏中仍有一种制胜策略。当$n=5,6$时,结果也是如此。盖尔因而猜想:不论n是多少,鲍勃都有一种制胜策略。就我所知,该猜想迄今尚未得到证明或证伪。

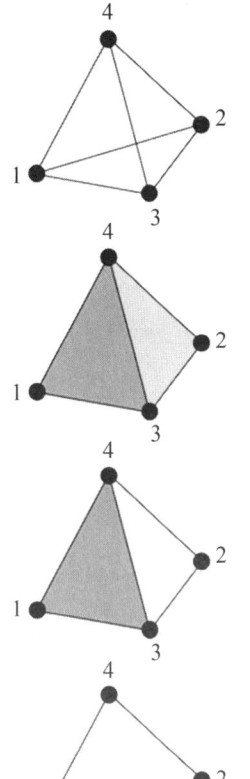

初始位置:除了$\{1,2,3,4\}$,所有子单纯形均可选

爱丽丝选$\{1,2\}$

所有的顶点和边,连同阴影部分三角形面均可选

鲍勃选$\{2,3,4\}$

只有一个三角形的内部被擦除

爱丽丝选$\{3\}$

每个含有 3 的子集被擦除,剩下此图

鲍勃选$\{4\}$

此时游戏回到了 $n=2$ 的情形

爱丽丝选$\{2\}$

鲍勃选$\{1\}$,爱丽丝输了

图 9.1 一个四元素集合的典型游戏步骤

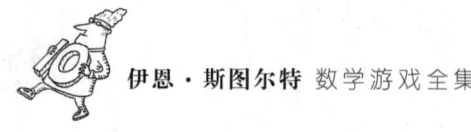

1997年,麻省理工学院的克利斯蒂安森(J. Daniel Christiansen)和加州理工学院的蒂尔福德(Mark Tilford)运用拓扑学中更复杂的思想得出了一种被称为"双子星简化"的技巧。这种技巧在某些情况下可以简化对游戏的分析。假设在游戏的某个阶段,出现了以下情况(用单纯复形表示):有两个顶点 x 和 y 构成一对**双子星**——这意味着以下三个条件是成立的:

1. 边$\{x,y\}$不存在;

2. 若 X 为游戏中包含 x 的任一子集,并且 x 被 y 替换,则所得子集仍然是满足游戏规则的子集;

3. 若 Y 是游戏中包含 y 的任一子集,并且 y 被 x 替换,则所得子集仍然是符合游戏规则的子集。

此时可去掉顶点 x 和 y 以及包含它们的所有单纯形,而不改变赢家(假定游戏者都使用了最佳策略)。运用这一技巧,对于"鲍勃在最优玩法下能赢得 $n=5,6$ 时的'子集移除'游戏"这一结果的证明就简单得多了,只需一点点分析即可。

回到我的"取补"策略问题上来。当 $n=4$ 时,爱丽丝要么始于 0 维单纯形(顶点),要么始于 1 维单纯形(棱),要么始于 2 维单纯形(三角形面)。

如果她选顶点,鲍勃选补集,那么游戏归结到 $n=3$ 的情形,鲍勃赢。如果她选择三角形面,鲍勃选择与之互补的点,那么游戏同样归结到 $n=3$ 的情形。

但倘若爱丽丝选择一条边(不妨设之为$\{1,2\}$),鲍勃选择与之

互补的边{3,4}，那么情况又将如何呢？实际上，鲍勃最终无法选择补集，因为相关子集并非单纯形。于是，"取补"策略失效，因为它未能指定合法的一步。然而，采用适当的策略，鲍勃仍能赢得 $n=4$ 的情形。克利斯蒂安森和蒂尔福德猜想，对于所有的 n，鲍勃对爱丽丝第一步棋的正确反应都是选择补集作为他的第一步。之后，如前所见，鲍勃可能被迫放弃"取补"策略。

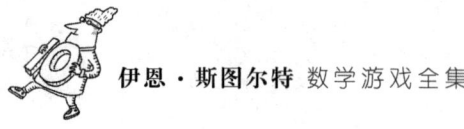

问　题

参考图 9.1，说明当 $n=4$ 时，若爱丽丝先选 $\{1,2\}$，则鲍勃无法靠"取补"策略获胜。

也可在任意单纯复形上玩一种类似的游戏。人们也许希望,每当在单纯形的三角剖分(即通过分解单纯形得到的单纯复形)上玩此游戏,爱丽丝(而非鲍勃)都能取胜。实际上,如果确实是这样的话,那么盖尔的猜想也就成立了。(为什么这样?为什么我们希望爱丽丝赢?原因留给你自己去找。)然而,图9.2给出了这样一种使鲍勃获胜的三角剖分。其原因同样留给你去找吧。

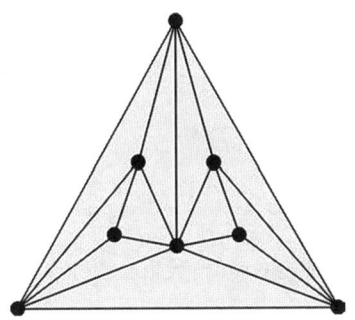

图9.2　鲍勃在一个单纯复形上同样获胜了

借助计算机搜索,能证明或证伪 $n=7,8$,或别的较小数时的盖尔猜想。对于更大的 n,所需要的则是一种新思想了。

答　案

如图 9.3 所示，鲍勃无法靠"取补"策略取胜。

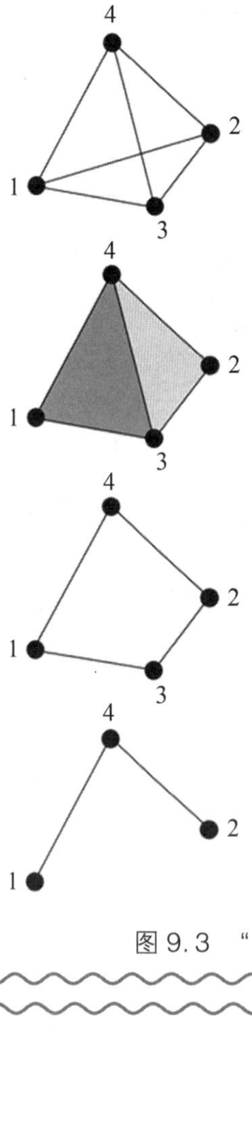

初始位置：除了 $\{1,2,3,4\}$，所有子单纯形均可选

爱丽丝选 $\{1,2\}$

鲍勃选 $\{3,4\}$

爱丽丝选 $\{3\}$

鲍勃无法选补集 $\{1,2,4\}$，因为它不是单纯形

图 9.3　"取补"策略出了问题

第 10 章
复活节是个准晶体

每年过了春分，首个满月之后（不包括满月当天）的第一个星期天就是复活节。按惯例，春分定为3月21日，即使有时实际上并非这一天……就连月亮也并非现实中的月亮，而只是教会的虚构……噢，真见鬼！干脆让我们去预言圣诞日吧。

萤火虫与复活洗牌法

我给《科学美国人》撰写的第一篇趣味数学专栏文章讲的是费马圣诞节定理。随着复活节的迫近,我用我的第96篇、也是最后一篇专栏文章来讨论复活节,似乎是唯一恰当之举。本章就是以这最后一篇专栏文章为基础写成的。

圣诞节总是在12月25日,所以计算圣诞日并不难……但复活节可是另一回事。复活节可以落在3月22日到4月25日这五周中的任何一天。早期的基督教会设计了自己的方法来计算复活节日期。

数学家们也参与其中,高斯(Carl Friedrich Gauss)——通常被认为是史上最伟大的数学家——发明了一套只需知道年份就能算出复活节日期的简单规则时,数学家们都加入到行动之中。然而,高斯的工作含有一个小疏忽,他把4200年的复活节日期算成4月13日,而正确日期应为4月20日。他在发表的论文副本上亲手纠正了错误。

第一个正确的纯数学方法由一位姓氏不详的美国人于1876年给出,发表在科学杂志《自然》(Nature)上。1965年,奥贝恩(Thomas H. O'Beirne)在其《谜题与悖论》(Puzzles and Paradoxes)中给出了两

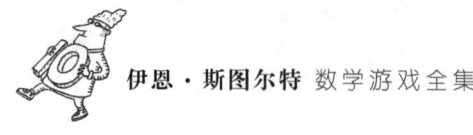

种纯数学方法,下面我将介绍其中一种。最近,伦敦大学学院的晶体学家麦凯(Alan MacKay)注意到,复活节是个时间准晶体。对于这一令人费解的评论,我也会作出解释。

由于众多的历史原因,复活节的日期年年都在变。首先,该日期必须是星期天,因为耶稣受难发生在星期五,复活发生在星期天。时间的确定与犹太人的逾越节有关,这表明,复活节应该与逾越节密切相关,后者是春季第一次满月之后的一周。

因此,复活节的日期与好几个不同的天文周期相关联,实际困难正在于此。朔望月(太阴月)约为29.53天,太阳年约为365.24天。这导致每年有12.37个朔望月,这是个不方便的关系,因为这个比值不是个整数。235个朔望月恰好非常接近于19个太阳年,教会的复活节定时法就利用了这一巧合。

公元325年,尼西亚会议决定,复活节应定在春分后(包括春分日当天)首个满月日之后(不包括满月日当天)的第一个星期天。春分是三月里昼夜长度相等的那一天,到了九月的秋分,昼夜再次等长。此外,按惯例,春分定在3月21日。然而,以下我们将看到,这不过是复杂历史中的一个关键事件而已。在闰年里,真正的春分日偶然会出现在3月22日——这一可能性被忽视了。当时,一年的长度乃是基于儒略历来计算的,四年一闰,满月每19个儒略年$\left(\text{一年为}365\frac{1}{4}\text{天}\right)$会回到相同的日期。一些在朔望月上玩弄历法惯例的人让这段时间等于235个朔望月(一月为29或30天,闰年里偶尔有

31天)。该周期每76年完全重复一次——四个19年周期,经过该周期后,闰年的模式开始重复。这里的数学原理是,两个不同整数长度的周期必须重复其最小公倍数次,才能同时回到起点。76即19和4的最小公倍数。

该19年周期称为太阴周,一个年份在该周期中的位置由它的所谓的黄金数来指示,从1直到19,然后再从1开始。复活节日期每532年一循环。

这是个相当好的制度,但不幸的是,数学并没有准确地顾及朔望月和太阳年的真实长度。随着时间的推移,历法开始逐渐与季节相出入。(著名作家但丁曾指出,一月份最终将不再是冬季的一部分。)讨论持续了一千多年。直到1582年,教皇格里高利(Pope Gregory)改革了世俗历法,除了保留400的倍数为闰年(如2000年即闰年)外,对于其余100的倍数,均废除闰年。为了纠正以前的偏差,删掉了当年10月4日到15日之间的10天。

格里高利听取了天文学家克拉维乌斯(Christopher Clavius)的建议。有关现象极少能逃过克拉维乌斯的注意。除了黄金数之外,教会的计算方法还包括第二个称为**闰余**的量,它是0和29之间的一个整数,给出了有关年份1月1日之前的月龄天数(0=30=新月)。每到世纪之初,对闰余的周期作出修正,但黄金数周期仍然保持无误。使用闰余这一选择修正了儒略历中的错误,也修正了235个朔望月与19个太阳年并不完全相等所带来的误差。1900、2000和2001年都没有出现修正,但2002年需要一次修正。

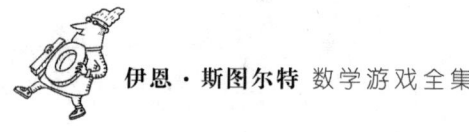

这一制度只是个折中之举。真正天文上的昼夜平分日可以早在3月19日就出现,这将发生在2096年;或迟至3月21日出现,像1903年就是这样。1845年和1923年,天文上的满月在世界上大部分地区都发生在复活节当天,而在东经地区,则发生在复活节后的星期一。1744年,有一次满月出现在星期六,当时距复活节还有8天,只有西经部分地区出现在星期五。

现实中的月亮并不会盲从于基督教教会的惯例。

为了完成计算,教会采用了一组字母 ABCDEFG 来表示一星期的七天,始于1月1日,以 A 表示。每年都有一个主日字母,对应于该字母的是星期天。因为所有其他的计算都忽略了闰年里的2月29日(出于这些目的,将它等同于3月1日),所以闰年里必须有两个主日字母——一个用于1月和2月,另一个用于剩下的月份。拥有这些信息之后,就有可能将给定年份的日历的有关方面制成表格,从中找到复活节日期。

奥贝恩的方法是将各种不同的周期和修正纳入一个算术方案,我现在对此作一番介绍,并将其应用于2001年。

设所考虑的格里历年为 x。现完成以下10步计算(在计算机上很容易就能对其进行编程):

(1) 将 x 除以19,得商(忽略)和余数 A;

(2) 将 x 除以100,得商 B 和余数 C;

(3) 将 B 除以4,得商 D 和余数 E;

(4) 将 $8B+13$ 除以25,得商 G 和余数(忽略);

(5) 将 $19A+B-D-G+15$ 除以 30,得商(忽略)和余数 H;

(6) 将 $A+11H$ 除以 319,得商 M 和余数(忽略);

(7) 将 C 除以 4,得商 J 和余数 K;

(8) 将 $2E+2J-K-H+M+32$ 除以 7,得商(忽略)和余数 L;

(9) 将 $H-M+L+90$ 除以 25,得商 N 和余数(忽略);

(10) 将 $H-M+L+N+19$ 除以 32,得商(忽略)和余数 P。

则复活节星期天就是 N 月的第 P 天。

再者:黄金数为 $A+1$,闰余为 $23-H$ 或 $53-H$ 中小于 30 的正数。主日字母可通过把 $2E+2J-K$ 除以 7,然后取余数得到。于是,$0=A$,$1=B$,$2=C$,以此类推。

我们用 $x=2001$ 来试试这个方法。$(1) A=6$;$(2) B=20,C=1$;$(3) D=5,E=0$;$(4) G=6$;$(5) H=18$;$(6) M=0$;$(7) J=0,K=1$;$(8) L=6$;$(9) N=4$;$(10) P=15$。故 2001 年复活节为 4 月 15 日。

粗略地说,上述 10 步有以下作用。

(1) 在 19 年周期中找到这一年的位置(事实上,$A+1$ 是这一年的黄金数);

(2) 格里历闰年规则:每逢整百年份 B 增加 1;

(3) D 只在整百年份增加,E 给出整百年份中不是闰年的年数;

(4) G 为闰余的月修正值;

(5) H 等价于闰余($23-H$ 或 $53-H$ 中小于 30 的正数);

(6) M 涉及有关闰余的例外情况。事实上,除非 $H=29$(此时 $M=1$ 且闰余为 24),或 $H=28$ 且 $A>10$(此时 $M=1$),否则 $M=0$;

(7) 开始计算复活节满月是星期几,涉及普通的闰年;

(8) 从闰余导出满月日期;

(9) 求出复活节的月份;

(10) 求出复活节在一个月的哪一天。

一般地说,复活节的日期每年都依次前移8天,除了有时候由于各种因素(闰年、月球周期等)的影响反而往后移。这种情况看似没有规律,但实际上却遵循上述算术程序。麦凯认识到这种接近有规律的偏移应能在复活节日期−年份图上反映出来(图10.1)。其结果近似于一个规则晶格,就像晶体的原子晶格一样(麦凯是位晶体学家)。然而,与原子晶格相比,历法的特殊性使得日期有轻微变化,因此,该图是个准晶体。

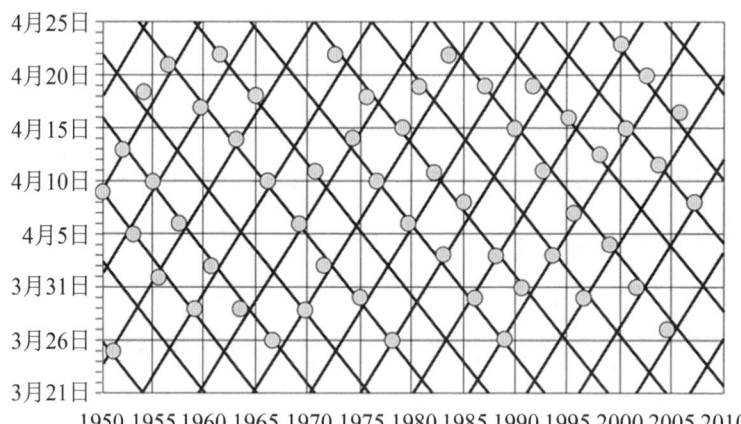

图10.1 复活节准晶体

准晶体不像晶体(其原子形成一个精确的晶格)那么规则,但也根本不是杂乱无章的。人们发现,准晶体与牛津大学物理学家彭罗斯(Roger Penrose)所发现的一类奇特的平面密铺有关。在这些密铺中，用到了两种形状的密铺元，它们把整个平面完全填满，但并没有周期性地重复同样的模式。准晶体的原子具有同样的准规律性。

根据格里高利的规则，复活节日周期在 5 700 000 年后开始循环：一共是 70 499 183 个朔望月和 2 081 882 250 天，尽管在第一次循环出现之前很久，这些规则就偏离天文实际了。无论如何，一个月和一天的长度都在慢慢发生变化，这主要是由于潮汐作用引起的。

其他因素也能发生作用。英国议会在 1928 年作出一项决定，使得复活节日期有可能固定在四月份第二个星期六之后的第一个星期天，而不再有争议，前提是有关宗教权威人士也赞同的话。因此，或许在将来，复活节的计算会得到简化。到那之前为止，连同它自身富有魅力的几何解释，它都一直是用整数逼近天文周期的一个精彩实例。

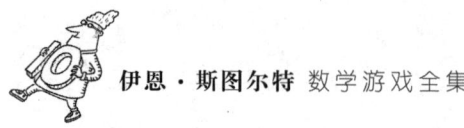

问 题

根据奥贝尼的复活节规则进行编程,并计算 1 000 000 年的复活节在哪一天。

答　案

4月16日,和2006年相同。

进阶读物

第 1 章

Persi Diaconis, Ron Graham, and Bill Kantor, The mathematics of perfect shuffles, *Advances in Applied Mathematics* vol. 4 (1983) 175—196.

Martin Gardner, *Mathematical Carnival*, Penguin and Alfred A. Knopf, New York 1975.

第 2 章

Richard Courant and Herbert Robbins, *What Is Mathematics?* Oxford University Press, Oxford 1969.

Michael Hutchings, Frank Morgan, Manuel Ritore, and Antonio Ros, Proof of the double bubble conjecture, *Electronic Research Announcements of the American Mathematical Society* vol. 6 (2000) 45—49.

Cyril Isenberg, *The Science of Soap Films and Soap Bubbles*, Dover, New York 1992.

Frank Morgan, The double bubble conjecture, *Focus* vol. 15 no. 6 (1995) 6—7.

Frank Morgan, Proof of the double bubble conjecture, *American Mathematical Monthly* vol. 108 (2001) 193—205.

第 3 章

Nadine C. Myers, The crossing number of $C_m \times C_n$: a reluctant induction, *Mathematics Magazine* vol. 71 (1998) 350—359.

第 4 章

Steven Brams and Alan D. Taylor, An envy-free cake division protocol, *American Mathematical Monthly* vol. 102 (1995) 9—18.

Steven Brams, Alan D. Taylor, and William S. Zwicker, A moving-knife solution to the four-person envy-free cake-division problem, *Proceedings of the American Mathematical Society* vol. 125 (1997) 547—554.

Jack Robertson and William Webb, *Cake Cutting Algorithms*, A. K. Peters, Natick, Ma 1998.

第 5 章

J. Buck and E. Buck, Synchronous fireflies, *Scientific American* vol. 234 (1976) 74—85.

Renato Mirollo and Steven Strogatz, Synchronisation of pulse-coupled biological oscillators, *SIAM Journal of Applied Mathematics* vol. 50 (1990) 1645—1662.

C. Peskin, *Mathematical Aspects of Heart Physiology*, Courant Institute of Mathematical Sciences, New York University, New York 1975, pp. 268—278.

第 6 章

Colin Adams, *The Knot Book*, W. H. Freeman, San Francisco 1994.

Richard B. Sinden, *DNA Structure and Function*, Academic Press, San Diego 1994.

第 7 章

Ian Stewart, Le lion, le lama et la laitue, *Pour la Science* vol. 142 (1989) 102—107.

Marta Sved, Divisibility − with visibility, *The Mathematical Intelligencer* vol. 10 no. 2 (1988) 56—64.

第 8 章

Charles S. Revelle and Kenneth E. Rosing, Can you protect the Roman Empire? *Johns Hopkins Magazine* (April 1997) 40 (solution on p. 70

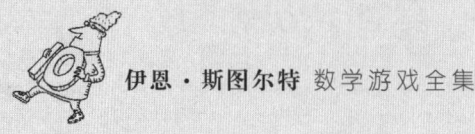

of the June 1997 issue).

第 9 章

J. Daniel Christiansen and Mark Tilford, David Gale's subset takeaway game, *American Mathematical Monthly* vol. 104 (1997) 762—766.

Richard J. Nowakowski (ed.) *Games of No Chance*, Cambridge University Press, Cambridge 2002.

第 10 章

Alan L. MacKay, A time quasi-crystal, *Modern Physics Letters* B vol. 4 no. l 15 (1990) 989—991.

Thomas H. O'Beirne, *Puzzles and Paradoxes*, Oxford University Press, Oxford 1965.

How to Cut a Cake:
And Other Mathematical Conundrums
By
Ian Stewart
Copyright © Ian Stewart 2006
The First Edition was originally published in English in 2006
Simplified Chinese edition Copyright © 2025 by
Shanghai Scientific & Technological Education Publishing House Co., Ltd.
This translation is published by arrangement with Oxford University Press
ALL RIGHTS RESERVED
上海科技教育出版社业经 Andrew Nurnberg Associates International Ltd. 协助
取得本书中文简体字版版权